U0618482

情绪控制方法

融智 编著

中国华侨出版社

·北京·

　　情绪，是一个人各种感觉、思想和行为的一种心理和生理状态，是对外界刺激所产生的心理反应，以及附带的生理反应，包括喜、怒、忧、思、悲、恐、惊等情绪表现。现代医学已经证实，情绪源于心理，它左右着人的思维与判断，进而决定人的行为，影响人的生活。正面情绪使人身心健康，并使人上进，能给我们的人生带来积极的动力；负面情绪给人的体验是消极的，身体也会有不适感，进而影响工作和生活。成功和快乐总是属于那些善于控制自己情绪的人。善于控制自己情绪的人，能在绝望的时候看到希望，能在黑暗的时候看到光明，所以他们心中永远燃烧着激情和乐观的火焰，永远拥有积极向上、不断奋斗的动力；而失败者并不是真的像他们所抱怨的那样缺少机会，或者是资历浅薄，甚至是上天不公。

　　我们不妨试着放慢生活的节奏，腾出时间给身心松绑，这样才能让自己保持积极、健康的情绪。每个人心中都有把"快乐的钥匙"，但我们却常常不知如何掌管。一个成熟的人握住自己的快乐钥匙，他不期待别人使自己快乐，反而能将快乐与幸福带给他人。只有管理好情绪，用一颗平常心去体味人生，生活的泥潭和世俗的眼光才无法将我们束缚。我们不能因为有值得快乐的事情才快乐，我们还要为自己做能够让自己快乐的事情。学会爱自己、照顾自己，拥有健康的体魄，用全部的爱来构建幸福的家庭，给自己的家人快乐，用真心和诚意与人相处、对人友善，以从容的姿态对待生活、享受生活。只有培养快乐的习惯，训练出快乐的性格，并且怀着感恩之心，才能向着属于自己的快乐出发。善于控制情绪，才能走向成功；善于控制情绪，才能拥有快乐人生！

《情绪控制方法》是一本系统讲解情绪控制原理、方法和现实运用的权威读本。本书从心理学的角度解析了关于情绪的种种问题，可帮助读者了解情绪、控制情绪并走出情绪陷阱，塑造一个平和、充实的人生。同时，也为那些正处于负面情绪中的人们提供一个走出困境的途径，帮助他们重新回到积极、乐观的生活中来。

/ 第一篇 /　认识自己的情绪

第一篇

认识自己的情绪

情绪是人对客观事物是否符合自身需要而产生的态度体验。在现实生活中，人们时而开心快乐时而悲伤忧虑，可见情绪是极其复杂的心理现象，伴随着身体的行为表现而发生变化。那么，我们如何认识自己的情绪呢？情绪又是如何影响我们的日常生活、学习和工作的呢？情绪蕴含着怎样惊人的力量？面对当前的情绪现状，如何提升认识拥有积极情绪？

第一章

情绪是什么

情绪伴随我们一生

生活中，我们难免会有各种各样的情绪随境而生。心中愉快时，我们就会开怀大笑；心中愤怒时，我们就会横眉竖眼；心中伤感时，我们就会泣涕涟涟。这些都是情绪的表达，仿佛也是我们与生俱来的技能。但是情绪有时候也会让我们十分苦恼，一些坏情绪干扰了我们的行为与生活，也给我们带来很多负面影响。

这就是情绪，无论你是否喜欢，它都与你绑在一起，伴随我们每个人的一生。它是客观事物是否符合人们需要、愿望和观点而产生的主观体验，也是对现实的反映，既体现了主体对客体的关系，也反映了主体对客体的态度和观点。

所以这种情绪反应带有很强烈的个人色彩，每个人因外物而引起的情绪体验都是不同的。如当你正在安静思考的时候，一声紧急的刹车声就有可能让你心生厌烦；但是换成另外一个人，他的情绪可能就不会受这种外界的干扰，还是专注于思考。

另外，人们在不同的时间段引发的情绪体验也会有所不同：比如一个人在前一分钟可能还觉得桌子上摆着的盆栽很漂亮，但是下一分钟可能就会觉得它既突兀又难看，原因可能就是他想起一件让自己生气的事。这种现象在我们的生活中十分普遍。又或者第一次的失败让你觉得羞愧难当，情绪低落，但是下一次的失败你就可能更快地从低落情绪中走出，失败的经验多了，也许就不会对你的情绪有负面影响。

情绪体验除了会有各方面的不同外，它还是会保持一定稳定性的，也就是形成我们所说的心境。《辞海》里这样解释：心境，心情也。心境之好，使人悦，催人奋进；心境之坏，使人颓丧，茫然无措。当一个人处于持续的健康情绪中，心境自然而平和，他的整体心理状况是积极向上的。

但是现在很多人无法保持心境的平静，尤其是在高压力、高节奏的工作环境下，每个人的心情就像是六月的天空，瞬息万变。很多人容易被自己的情绪左右，结果不仅影响工作，还不利于自己的身心健康。

我们与情绪朝夕相处、日日为伴，所以我们应该学会调整自己的情绪，使自己的心境保持在一个平和、极佳的状态。如果你现在面临困境，那么请保持乐观，将挫折视为鞭策自己前进的动力，遇事多往好处想，多聆听自己的心声，努力在消极情绪中加入一些积极的思考；如果此刻你感到焦虑，那么就静下来理智地分析原因，冷静地恢复自信心，使自己振奋，摆脱主观臆断。如果此刻你感到抑郁，那么就可以郊游、运动、与人交谈、读书写字、听音乐、看图画等，既能转移"视线"又对健康有益，往往对人产生良性刺激，使你得以解脱。

另外，情绪还对生命健康有很大的影响。当心情愉悦的时候，个人的精神、体力、想象力都达到了最佳状态，这个时候不仅在工作、生活上会觉得如鱼得水，而且还能化干戈为玉帛，甚至还能把握机遇，享受成功的喜悦，从而让生命锦上添花。但是坏心情就不同，当个人情绪处于低迷消极期，不仅会觉得各种琐事、烦心事都向你涌来，让你应接不暇、招架不住，而且会整天愁眉苦脸地面对生活，不管做什么事情都不积极，导致错误百出，还经常跟别人发脾气，不愿意配合别人的工作，人际关系相当紧张，从而使心情更加消极抑郁。这时候的你茶不思、饭不想、夜不寐，长此以往，这些负面的情绪很可能诱发各种疾病，你的健康就会亮起红灯。

既然情绪是伴我们一生的朋友，我们就要把握住自己的情绪规律，从而由渐悟到顿悟，让自己的心境修成正果。

情绪是怎么一回事

情绪与我们的生活密不可分，我们就应该时刻关注情绪，并深入地了解它。下面我们就从以下 4 个方面来认识情绪：

1. 情绪如何产生

科学研究表明，人的大脑中枢的一些特殊的原始部位明显地决定着人的情绪。但是，人类语言的使用和更高级的大脑中枢又影响和支配着比较原始的大脑中枢。影响着人的情绪和行为的主要来源是人自己的思维。另外，有些专家也指出：遗传结构只是在很小程度上决定着你是倾向于安静还是倾向于激动。而孩提时的经验和当时周围人的情绪则诱发着你的情绪萌芽。各种生理因素（如疾病、睡眠缺乏、营养不良等）可能使你变得容易激动。但是，对大部分人来说，这些因素并不能决定我们能否免受焦虑、愤怒和抑郁之苦。

　　我们的情绪在很大程度上受制于我们的信念、思考问题的方式。如果是因为身体的原因而使自己产生不愉快的情绪，则可借助药物来改变身体状况。但我们非理性的思维方式就像我们的坏习惯一样，都具有自我损害的特性，而又难以改变。这正是情绪不易控制的真正原因。

2. 情绪的种类

　　情绪主要分为以下几种：

　　（1）原始的基本的情绪。

　　这类情绪具有高度的紧张性，包括快乐、愤怒、恐惧和悲哀。

　　（2）感觉情绪。

　　这类情绪包括疼痛、厌恶、轻快。

　　（3）自我评价情绪。

　　这类情绪主要取决于一个人对自己的行为与各种行为标准的关系的知觉。包括成功感与失败感、骄傲与羞耻、内疚与悔恨。

　　（4）恋他情绪。

这类情绪常凝聚成持久的情绪倾向或态度，主要包括爱与恨。

（5）欣赏情绪。

这类情绪包括惊奇、敬畏、美感和幽默。

3. 情绪的反应模式

情绪的反应模式是多种多样的，依据情绪发生的强度、持续的时间以及紧张的程度，可以把情绪分为心境、激情和应激反应 3 种模式。

（1）心境。

心境是一种微弱、平静、持续时间很长的情绪状态。心境受个人的思维方式、方法、理想以及人生观、价值观和世界观影响。同样的外部环境会造成每个人不同的情绪反应。有很多在恶劣环境中保持乐观向上的例证，像那些身残志坚的人、临危不惧的人都是情绪掌控的高手。

（2）激情。

激情是迅速而短暂的情绪活动，通常是强有力的。我们经常说的勃然大怒、大惊失色、欣喜若狂都是激情所致。很多情况下，激情的发生是由生活中的某些事情引起的。而这些事情往往是突发的，使人们在短时间内失去控制。激情常是被矛盾激化的结果，也是在原发性的基础上发展和夸张表现的结果。

（3）应激反应。

应激反应是出乎意料的紧急情况所引起的急速而又高度紧张的情绪状态。人们在生活中经常会遇到突发事件，它要求我们及时而迅速地做出反应和决定，应对这种紧急情况所产生的情绪体验就是应激反应。在平静的状况下，人们的情绪变化差异还不是很明显，而当应激反应出现时，人们的情绪差异立刻就显现出来。加拿大生理学家塞里的研究表明：长期处于应激状态会使人体内部的生化防御系统发生紊乱和瓦解，身体的抵抗力也会随之下降，甚至会失去免疫能力，由此就更容易患病。所以我们不能长期处于高度紧张的应激反应中。

4. 影响情绪变化的因素

影响情绪变化的因素有很多，概括起来主要有以下 3 个方面：

（1）遗传因素。

遗传因素对情绪的影响主要体现在人的高级神经活动方面。我们可根据高级神经活动类型的三个基本特征，即兴奋与抑制过程的强度、灵活性、平衡性，将受遗传影响的情绪分为 4 种类型：胆汁质、多血质、黏液质、抑郁质。遗传因素对情绪的影响一经产生，就很难改变。

（2）个人认知因素。

情绪是由刺激引起的一种主观体验，但刺激并不能直接导致情绪反应，而是要经过人的认知活动进行评价，而后才决定人体验到什么样的情绪。对同一事物，不同的人由于需要不同、观念不同、理解不同，情绪体验相差甚远。同样，由于认知不同，表现在不同人身上的同样的情绪，其产生的原因也可能是千差万别的。同一种刺激会产生不同的情绪，比如：迎面来了一个熟人，他并未向你打招呼，匆匆而过。如果你认为他故意装作没看到你，你的心情会很坏；如果你认为他很忙，根本没注意到你，你就不会懊恼。因此，你对事件的理解，很大程度上决定了你的情绪状态是好是坏。如果改变认知观念，转变理解角度，你就会有一个良好的情绪体验。

（3）特定的环境因素。

环境因素对人的情绪也有一定的影响。特定的环境可以增强或者减弱情绪变化的速度和强度。美丽的山水、清新的空气、宽松整洁的办公室等环境会使你心情愉快，而嘈杂的街区、拥挤的交通则无疑会让你感到烦躁。社会环境对人的影响可能更大，他人对自己的关怀、帮助，将使个体出现的焦虑、紧张、痛苦得到缓解，甚至彻底消失。

了解了这些情绪的基本知识，有助于我们下面深入探讨情绪。情绪说浅显真的很浅显，说高深也就真的很高深，需要我们每个人认真学习。

情绪是一种反应形态

情绪作为一种反应形态，有快乐、悲伤、兴奋、惊讶、愤怒、沮丧等多种表现形式。不同的原因引发不同的情绪，了解这些原因，才能更好地掌控情绪。总体来看，情绪包括生理变化、主观感觉、行为冲动和表情动作这四个方面的反应形态。每一种反应形态有其特点，并不是所有形态都必须同时出现，我们的情绪可能会通过其中的几项来表达。下面就主要介绍一下：

1. 生理变化

情绪会引起人们的某种生理反应，这是在生活中司空见惯的。比如"怒发冲冠"这四个字就是形容人极度愤怒而让头发都竖起来了，虽然有一点夸张，但也能很好地说明情绪反应与生理变化之间的关系。还有些人害羞时会脸红，也是情绪反应中的生理变化，反之，我们通过脸红，就可以知道这个人可能是害羞了。

　　另外，情绪的变化也会受人自身神经系统的控制。人的神经系统分为自律神经和向律神经。向律神经不完全受人的控制，自己会动，而自律神经则可以通过大脑的控制指令进行自我情绪调节。当你很兴奋的时候，自律神经会告诫你要保持冷静；当你很激动的时候，自律神经又会自我调整到缓和的状态。

2. 主观感觉

　　不同的人面对同一种事物，反应不一定相同，这就是主观感觉特征。比如，有人看到晴天会产生愉悦感，讨厌阴雨天，而有人则喜欢在雨天漫步，讨厌艳阳高照。他们对于天气的不同感受也同样影响着其自身的情绪。

　　不同的人可以有不同的主观感觉，或高兴或生气或喜欢或不喜欢，这都是自己的情绪，与他人关系不大。即使面对相同的情况，每个人的反应也不尽相同。因此，我们要彼此尊重对方的情绪，千万不要将自己的感觉推己及人。你喜欢喝咖啡提神，有人或许喝咖啡容易犯困。假如你出于好意请对方喝咖啡一同加夜班，反而会耽误对方的工作。错误地通过自己的主观感觉去判断别人的主观感觉，很有可能会弄巧成拙。

　　另外需要注意的是，主观感觉的私人化特征比较明显。对一件事物的主观感觉不同，对情绪的影响也不尽相同，"将心比心"，应当站到别人的立场去想问题，观察问题，尤其不要将自己的主观感觉强加到别人头上，剥夺别人的评估能力。正所谓"己所不欲，勿施于人"。

3. 行为冲动

行为对人的情绪影响分为正面和反面的影响，好的行为能够促进积极情绪的产生，行为上的冲动则容易导致负面情绪产生。

比如，学生考试成绩不好，假如老师通过研究总结发现其成绩下滑的原因，通过鼓励缓解学生的焦虑情绪，良好的情绪可以促进学习的进步；反之，假如老师一味打骂学生，学生就会出现抵触情绪，容易厌恶学习。因此，要在冲动之前保持冷静，才能避免冲动之后的后悔。

4. 表情动作

喜欢某种东西时会表现出高兴，厌恶某人时会撇嘴，看东西时会很专注……表情动作这一特征对于全人类来说，状态都是一样的，大家都能从表情动作上看出个人情绪的变化，这也是不需要语言的"世界语"。

然而，很多情绪并不是表面上的表情动作能体现出来的，不同的后天教育和文化的影响，表情动作表现的方式方法也不一样。

中西文化有差异，即使同样表达同一种情绪，个人采用的表情动作也会不同，西方人喜欢自然地表现出喜怒哀乐的情绪，中国人则讲究含蓄；美国人认为一个人有话就说是有能力的表现，中国人在很多时候会认为这是"出风头"，容易成为众矢之的，"枪打出头鸟"。大学生走上工作岗位，尤其要注意如何利用表情动作去合理表达情绪，不能不表现，也不要乱表现，通过适当地表现来表达情绪才是比较合理的。

了解了这四种反应形态之后，我们就能更好地把握自身和他人的情绪。注意不要刻意压制自己的情绪反应，长此下去，对我们的精神与身体都是非常有害的。

人人都有情绪周期

我们的情绪好比月有阴晴圆缺一样，也会有高低起伏的周期，这叫作情绪周期。情绪周期又称"情绪生物节律"，是指一个人的情绪高潮和低潮的交替过程所经历的时间。情绪周期反映的是人体内部的周期性张弛规律。

科学研究表明，人的情绪周期从出生的那一天就开始循环，周而复始。一个情绪周期一般为28天，也不排除有的人的周期较长或较短。周期的前一半时间为"高潮期"，后一半时间为"低潮期"。高潮期向低潮期过渡的2至3天是"临界期"，这一阶段的特点是情绪不稳定，机体各方面的协调性能差，容易发生不好的事情。

人的情绪的周期性变化，如同一年里有春夏秋冬的四季变化一样。如果处于情绪周期的高潮期，就会对人和蔼可亲，感情丰富，做事认真，容易接受别人的规劝，表现出强烈的生命活力，自己本身也感觉很轻松；倘若处于情绪周期的低潮期，则喜怒无常，常感到孤独与寂寞，容易急躁和发脾气，易产生反抗情绪。

少泽有一个温柔内向的女朋友小佳，他对小佳各方面都很满意，唯独有一点让他不能理解，那就是小佳有时会莫名其妙地发脾气。事后小佳总是说自己当时就是控制不住情绪，总有一股无名之火在胸中燃烧。后来，少泽经过自己的一位学习心理学方面的朋友讲解之后，才明白原来小佳是受到了情绪周期的影响，只不过她的症状更明显一些而已。

小佳就是受情绪周期影响的典型例子，每个人的情况或轻或重，而小佳刚好是比较重的那一种，但是这都是正常的，我们应该科学正确地去看待，而不能视此为心理疾患。

具体来说，虽然女人和男人都有情绪周期，但是女人的情绪周期表现要比男人更强烈一些，下面就详细解读一下：

1. 情绪周期中的女人

一般来说，女人的情绪周期在行经前的一个星期左右及行经期间，这一期间会出现种种与经期有关的症状，例如腹胀、便秘、肌肉关节痛、容易疲倦、长粉刺暗疮、胸部胀痛、头痛、体重增加等种种身体不适；有些人还会食欲增加、显得沮丧、神经质及容易发脾气等。这是由于女性体内的荷尔蒙变化所导致的，雌激素、肾上腺素等荷尔蒙出现了变化，马上会引起生理上的变化。心理情绪随着生理变化也会呈现一系列表征。

情绪周期不可避免，但我们可以通过记录，在周期到来之际控制自己忧郁、焦躁不安、想发脾气的心理，来避免不良情绪对身心的影响。

2. 情绪周期中的男人

人的生长、发育、体力、智能、心跳、呼吸、消化、泌尿、睡眠乃至人的情绪全部受体内生物节律的控制。男人的情绪周期也是一种正常的生物节律变化，受男性机体激素水平变化的影响。只不过，有的男人情绪周期表现明显，有的表现不明显。

男人的情绪周期受工作和工作环境的影响很大。轻松的工作和有规律的生活会使其情绪放松，男人的表现则会积极乐观；长时间的紧张工作和不规律的生活容易导致情绪周期失调，心情烦闷、急躁，情绪处于压抑的状态。

科学研究表明，情绪节律周期影响着男人们的创造力和对事物的敏感性、理解力，以及情感、精神、心理方面的一些机能。在情绪高潮期，男人往往表现得精神焕发、谈笑风生；在情绪低潮期，又变得情绪低落、心情烦闷、脾气暴躁。

男人的情绪周期体现在情感表现上，可以用橡皮筋来形容：亲密—疏远—亲密。通常在最初的时候，男人对你完全信任，充满爱意，两人天天在一起。不久之后，男人会心不在焉，开始疏远你，乃至不愿与你说话。经过一段时间的独处和反省之后，他会再次情意绵绵。理解男性的情绪周期的表现，两个人的相处会更加融洽。

在明白了情绪周期的客观存在之后，我们就要更好地利用情绪周期。首先，我们要如实记录下自己的情绪变化，这样才能描画出自己的基本情绪周期。在这里有一种简单的表格测评方法，可以有效地帮助大家。

日期	1 日	2 日	3 日	……
兴高采烈＋3				
愉悦快乐＋2				
感觉不错＋1				
平平常常 0				
感觉欠佳－1				
伤心难过－2				
焦虑沮丧－3				

通过每天晚上对当天情绪的回想，在与日期相符合的表格里打上记号，一个月之后，把记号联系起来，就可以发现情绪规律的模式，经过几个月的概括，我们便可以很明了地知道自己情绪的高潮期和低潮期。

掌握了自己的情绪周期，可以将其运用到日常生活中。根据自己情绪周期的"晴雨表"，我们可以安排好自己的生活和工作。遇上低潮和临界期，我们可以运用意志加强自我控制，可以把自己的情绪周期告诉自己最亲密的人。一方面，让他提醒你，帮助你克服不良情绪；另一方面，避免不良情绪给自己的交往带来不便。在工作和生活中，因为人在情绪低落的时候容易畏惧不安，而在情绪高涨的时候乐意迎接挑战。我们则可以在情绪良好的时候安排一些难度大、烦琐、棘手的任务，在情绪处于低潮期的时候做一些简单的工作，放松思想，多参加群体活动，学会倾诉，寻求心理支持，切记不要强迫自己违背情绪周期的规律。

情绪是一个警示信号

情绪有好有坏，坏的情绪很明显，好的情绪却往往容易被人忽略。然而，无论情绪是好是坏，我们都应该认识到，虽然情绪是一种本能的反应，但是我们都应当意识到情绪对自身的警醒作用和管理情绪的重要性。

1. 情绪提醒我们自身观念的问题

人和人之间情绪的不同，主要源于彼此观念的不同。如果我们的观念出现了问题，那么情绪也会随之出现问题。例如，有些人存在浓重的个人私利观念，一旦别人侵犯到他们的利益，他们就会立刻产生愤怒情绪；还有一些人对自我认识不足，容易产生自满情绪或自卑情绪。

所以想要拥有良好而且适度的情绪，我们必须调整自己的观念，使它达到一个正常的标准。

2. 情绪提醒我们心理的问题

一些不良情绪向我们反映了自身心理可能出现了偏差，甚至出现了心理问题。例如，郁闷情绪就容易和抑郁挂上钩，如果只是短时间的郁闷，那只是一个正常的情绪反应；但如果一个人长期处于郁闷情绪中难以自拔，或许就是抑郁心理在作祟了。

我们需要区分哪些情绪是短暂的、符合正常值的，哪些情绪是长期的、超出正常值的。这样我们才能及早排除自己心理存在的问题，让情绪及早回归理性。

3. 情绪提醒我们行为习惯的问题

情绪作为一种反应，还向我们昭示了一些关于自身行为习惯的问题。

当你饿的时候，摆在你面前的是满桌的美味佳肴，在饥饿感的驱使下很多人会迫不及待地想动筷子，这是饥饿情绪的本能反应。然而，肚子饿只是一个讯号，你应当在动筷子之前，考虑一下是否需要等待别人来了之后一起就餐，否则很不礼貌。这就是情绪警示，它使人在处事时三思而后行，有助于个人在为人处世中得以方圆。

倘若吃饭的时候一味地从自己的本能情绪出发，自己的情绪虽然受到了照顾，却容易引起其他人的反感，任由情绪发展，不是一件好事。我们需要将情绪自然反映出来，但也不能忽视情绪产生的不良后果，应当具体问题具体分析，通过对情绪生成的解析来具体行事，这正如过马路的黄灯区，行人都会停下来考虑自己下一步该干什么。情绪的表现也需要一个思考的过程，不能任由情绪自由发展。现在很多人没有将情绪作为警示灯来认真分析对待，喜怒哀乐直接显示在脸上，这样不利于人与人之间的相处。

4. 情绪提醒我们身体的问题

我们都知道，身患疾病的人在情绪方面表现很强烈，他们经常情绪不稳定，起伏性大。易烦躁激动，爱发脾气。情绪激动时，表现出极大的焦躁不安，有时难以控制自己。对外界因素反应更加敏感，对身体的细微变化和各种刺激往往表现出过度的情绪反应。一点微小的事情，也会成为引起强烈情绪产生的导火索。别人的一句不合意的话，也会使其感到受了极大的委屈。甚至别人说话声音太大或者收音机音量太响，也会令其烦恼。

从这一点就可以看出，某些情绪的集中爆发可能就是我们身体出现问题的警讯，不能不加以重视。找不到情绪源的负面情绪可能就是由身体疾病引发的，例如，莫名其妙地烦躁不安、毫无理由地生气和低落消沉的情绪，可能都是某种疾病潜伏在你身体里的征兆，要多加注意。

当代社会高速发展，人们的压力也越来越大，对情绪的管理便显得非常重要。在稳定的情绪下，一切都很容易顺利展开，但情绪不好的时候，行事则十分困难。因此，我们要管理好自己的情绪，适当地调整自己的情绪，然后才能一心一意去做事，所做的事情才能更见成效。

情绪的"蝴蝶效应"

气象学中有一种"蝴蝶效应"的说法：如果身处南美洲亚马孙河流域热带雨林中的一只蝴蝶偶尔扇动几下翅膀，两个星期之后，美国的得克萨斯州可能会发生一场龙卷风。一只小小的蝴蝶扇动翅膀引起一场大的龙卷风，这听起来有些不可思议，但事实确实如此。因为蝴蝶扇动翅膀的过程中，可以引起微弱气流的产生，由此导致旁边的空气和其他系统发生变化，从而引起连锁反应，最终导致其他系统的极大变化。

同样，在生活中也存在"蝴蝶效应"，其中最明显的一种表现是情绪。情绪的起因往往就是一句话、一个无意的动作，或许说话人自己都没有注意，但为日后事情的发生埋下了伏笔。如果我们不注意处理微小的不良情绪，就有可能由于情绪的积累酿成大祸。

生活中的小事情往往是情绪产生的最根本原因，小事情可以置人于死地，也可以挽救生命，关键就看这小事情所引起的情绪是正面的还是负面的，而我们又是否能够妥善地处理产生的情绪。

很多朋友都不明白东子是怎样把临街那家水果店开得如此红火，以前在那个位置开店的总是不超过一个月就关门了，而东子的店自从开张以来生意就没有断过，而且还越来越好。一次朋友们去参观东子的店才明白这其中的奥妙：有大爷大妈来店里买东西的时候，东子总是亲切地叫出王大妈或李大爷，从没有叫错过，而且还会关心地问一句身体状况，遇到年轻人还会和他们聊聊天。在朋友眼里，所有客人都成了东子的朋友。

在东子的水果店里，人们得到的都是一些轻松愉悦的心情和积极正面的情绪。即使客人在进店之前还有些许负面情绪，也能在东子那里得到发泄和沟通。有时候一句关怀的话、一个善意的行动也能温暖人心，可以产生促进好的情绪的"蝴蝶效应"。

我们需要关注情绪最初产生的细微原因，并对此保持高度的"敏感性"，尤其要注意情绪的变化，通过及时调整心态来保持自身良好的情绪状态。只有从最初的根源对情绪及时把握好，才能避免负面情绪的积累，才能促进积极情绪的有效形成。

第二章

是什么在影响你的情绪

性格对情绪的影响

不同的外界刺激会使不同的个体产生不同的情绪。由于情绪是个体和外界刺激共同作用的结果，因此，个体心理特征对情绪的产生具有重大的影响。所谓个体心理特征就是我们常说的性格。

性格是情绪的宏观表现，情绪是性格的微观组成，性格与情绪之间有着千丝万缕的联系，如果要认识并有效管理自己的情绪，就必须首先了解并熟悉自己的性格。

性格主要表现在对自己、对他人、对事物的态度所采取的言行上，是个体独特的、一贯的行为心理倾向。如，大多数人都具有趋利避害的倾向，总是愿意去接近那些能给自己带来快乐的事物，同时回避那些可能会给自己带来痛苦的事物。人类的性格在很多方面具有共性，这些共性甚至被提炼成不同的品质一代代地继承和发扬。举例来说，从人们对社会、对集体、对自己的态度中所展现出的诸如公正和徇私、热情和冷漠、慷慨和吝啬、勇敢和懦弱等，都属于性格特征。由于性格特征种类繁多且彼此并不相同，这使每个人身上都表现出自己独特的风格和个性差异。以下介绍两种典型的性格：

安静型的性格，又称内向型性格。这种性格的人心理敏感，感情细腻丰富，善于分析，但易得出消极的结论，所以看待事物较为悲观。安静型性格的人在情绪发生变化的时候，通常有两种反应：一是在情绪中挣扎，时而战胜情绪，时而被情绪所战胜，乐观和悲观交替，直至有新的刺激介入并打断这种混乱状况；二是沉溺在情绪中，任由情绪掌控自己登上兴奋的顶点或是落至沮丧的低谷，不加以任何控制。

冲动型的性格，又称外向型性格。这种性格的人比较乐观，而且热情，总是精力充沛，可以同一时间做好几件事，而且热衷于此，享受忙碌的感觉。性格冲动的人善于取悦他人，也容易获得他人的好感，融入新的氛围，但通常组织能力较差，耐受性不高。冲动型性格的人自始至终对社交活动保持高度的热情，适合有弹性的工作，特别是交际类型的工作。但是，对于必须遵守预设好的时间行程，或有时间限制的事情，他们很容易感觉沮丧。因此，这种性格的人不太适合稳定、枯燥的工作。

性格的形成是一个很复杂的过程，是内外因共同作用的结果，既有先天因素，也有后天因素。先天因素主要是基因方面，后天因素则主要是自身长期受外界环境影响而积累的情绪体验。如人在成长过程中或多或少会受到他人的影响，有直接的言传身教，也有间接的学习、模仿，或是通过书籍、电视、网络等媒介认识和观察到其他人对事物的态度和行为方式，然后自己会对这些事物产生相关的情绪反应，并由情绪引导做出行动，情绪加行动的组合就成为了我们后天的性格。

人与人的性格千差万别，有的人偏激刚烈，有的人中庸温和。刚烈可以说是天生的性格，严格地说，这不能算是缺点，但刚烈性格的人不容易控制自身的情绪，会给生活带来麻烦。可以通过后天的努力，有意地使自己的性格朝着有利于控制自身情绪的方向发展。

我们为何会产生忧虑

忧虑是一种很复杂的情绪，是痛苦、愤怒、焦虑、悲哀、羞愧、冷漠等情绪复合的结果。它是一种广泛的负面情绪，又是一种很容易出现的情绪。忧虑超过了正常界限就会变为抑郁症，成为病态心理。由于每个人的心理素质不同，因此，忧虑有时间长短、程度强弱之分。

忧虑的核心表现就是郁郁寡欢，这样情绪的人常常会莫名其妙地焦虑不安、苦闷伤感。如果再遇上环境刺激，就犹如火上浇油，进一步激发并加重忧愁和烦恼。大家所熟悉的《红楼梦》中的林黛玉，就属于这类带有忧虑情绪的人。林黛玉有着能让"落花满地鸟惊飞"的美貌，比传统美女的沉鱼落雁更富有情韵。而这样一个融古往今来之秀美，集仙界凡间之灵慧的标致人物，最后却因郁郁寡欢败给薛宝钗，丢了自己的大好姻缘，含恨魂归离恨天。一般来讲，性格内向、心胸狭窄、任性固执、多愁善感、孤僻离群的人多带有忧虑倾向。

除此之外，忧虑的表现还可以是这样：有的人总觉得"生不逢时"，有一种"怀才不遇"的感觉，于是抱怨生活对自己不公平，觉得一切都不顺心、不满意；有的人将个人的利害关系、荣辱得失看得太重，为了一些微不足道的事整日患得患失、忧心忡忡，以致造成心理疲劳，影响正常的工作、学习和生活；有的人甚至"庸人自扰"，整日忐忑不安，自寻烦恼。

有一位经营服装批发的商人，由于经营不慎，赔了几笔生意，为此他整天心情郁闷，每天晚上都睡不好觉。妻子见他愁眉不展的样子十分担心，就建议他去找心理医生看看，于是他前往医院去看心理医生。医生见他双眼布满血丝，便问他："怎么了，是不是被失眠所困扰？"商人说："可不是嘛！"心理医生开导他说："这没有什么大不了的，你回去后如果睡不着就数数绵羊吧！"商人道谢后离去了。

过了一个星期，他又来找心理医生。他双眼又红又肿，精神更加不好了，心理医生非常吃惊地说："你是照我的话去做的吗？"商人委屈地回答说："当然是呀！还数到三万多头呢！"

心理医生又问："数了这么多，难道还没有一点儿睡意？"商人答："本来是困极了，但一想到三万多头绵羊有多少毛呀，不剪岂不可惜？"心理医生于是说："那剪完不就可以睡了？"商人叹了口气说："但头疼的问题来了，这三万头羊的羊毛所制成的毛衣，现在要去哪儿找买主呀？一想到这儿，我更睡不着了！"

无论做人还是做事，我们都要想得长远一些。但有些事想得太远，就会造成太多的压力，烦恼也会随之而来，就像案例中的失眠忧虑的那个人一样。因此，我们要学会静心，不牵挂那些不该牵挂的事情，这样才能保持轻松快乐的心情。

科学家对人的忧虑进行了科学的量化、统计、分析，结果证明忧虑是毫无必要的。统计发现，40% 的忧虑是关于未来的事情，30% 的忧虑是关于过去的事情，22% 的忧虑来自微不足道的事，4% 的忧虑来自我们改变不了的事实，剩下 4% 的忧虑来自那些我们正在做着的事情。

忧虑通常会使人心神不宁，进而精神失控。忧虑会使一个人老得更快，不仅会摧毁他的容貌，甚至会对其健康产生严重威胁。过度忧虑不可取。凡事退一步想，不要耿耿于怀。

当你忧心忡忡的时候，当你唉声叹气的时候，不妨把你的忧虑写下来，然后在科学家的分析中为自己的忧虑归类：它是属于 40% 的未来，30% 的过去，22% 的小事情，4% 的无法改变的事实，还是剩下的那个 4%？

想要摆脱忧虑情绪，就要适时地安慰和劝导自己。无论是逃避问题还是对问题过分执着，实际上只可能有两种情况。一种是问题并不像我们所想的那么糟，没有到无可挽回的地步。只要采取积极正确的态度，问题就会得到解决。这样，我们也就没有什么可忧虑的了。另一种情况是问题的确超出了我们的能力所能解决的范围，这时我们就需要乐观一些，学会接受不可避免的事实，尽可能地让自己的情绪不至于失控。

是什么原因造成了悲观情绪

一个人为什么会有悲观的情绪？其产生原因是多方面的，但主要是来自自我。正如英国作家萨克雷所说："生活就是一面镜子，你笑，它也笑；你哭，它也哭。"有悲观情绪的人总喜欢想到事情最坏的一面，仿佛天马上就要塌下来了一样。这种人看不到美丽的云彩，只会一味地担心天是否要下雨；看不到拳击手被击倒后爬起来的顽强，而只为他的伤痕累累而心悸。对于悲观者而言，一个很小的打击也足以使他绝望，令他一败涂地。

玲玲是一个年轻的女孩，但她并不像同龄人那样开朗，悲观情绪总是萦绕着她。她时常觉得生活没有目标，最近这种情绪越来越强烈，好像做什么都没心情，很孤独，周围的环境又让她觉得很无趣。她也想改变，但又觉得自己能力不够，越来越自卑，不爱说话，于是也就显得有些孤僻。她也是个爱思考的人，曾用很长一段时间来思考活着的意义，但她发现自己找不到答案。她觉得很迷惘，眼看就要大学毕业了，她不知道以后的路该怎么走。

在心理咨询室里，她对心理医生说："我很不幸，可以说是在同学和邻居的指指点点下长大的。我从小心里就充满了自卑，很封闭、很悲观，导致了我从来交不到朋友，别人看我外表冷漠也不敢和我交流。现在长大了，外表使我有不少追求者，也不那么自卑了，我也爱上了一个男孩，现在是我的男朋友，可是我总是很悲观，认为我们早晚会分开。他开始还能忍受，可现在经常因为这个和我吵架，我也知道自己不对，可就是不能改变。"

玲玲的烦恼正是一种常见的心理障碍——悲观。悲观是一种有害的心理状态，是瘟疫，是一种毁灭。人类的一切疾病都有医治的可能，但倘若一个人的内心不再有任何希望，充满着抑郁的影子，那么再高明的医生也回天乏术。

美国著名心理学家赛利格曼认为，悲观的人对失败的看法与乐观的人有所不同，悲观者在看待失败上有三个特点：

第一，从时间长度上，悲观的人把失败解释成永久性的；而乐观的人则认为一次失败是暂时的，下次就会好了。

第二，从空间维度上，悲观的人把失败解释成普遍的，如果某个阶段目标没实现，就会认为自己的所有目标都不会实现；而乐观的人则不会将失败普遍化，认为某个目标没实现只是说明自己在这个方面需要进一步努力，下次就会成功。

第三，从失败原因上，悲观的人倾向于将失败解释为个人原因，认为自己要对失败完全负责；而乐观的人则认为失败虽然有个人原因，但也不完全是，有时一些无法抗拒的力量和机遇也影响着成败。

赛利格曼的理论向我们提示，只要改变对失败的看法，就会使悲观者有信心去重新面对现实，树立学习、生活的目标。

悲观是一种严重的负面情绪，对人身心的危害极大。要摆脱悲观情绪，需要个人积极地进行心理调适，具体有以下几种方法：

1. 别盯住消极面

你可能对别人的"抢白"和自己不公正的待遇牢记于心，或你总是对自己说："我真倒霉，总被人家误会、欺负。"那么，你当然没有一刻的轻松愉快。

如果你把注意力盯在与别人友善和好的事物上，并常常告诉自己，误解、敌视毕竟是次要的，并把愉快、向上的事串联起来，由一件想到另一件，你就可以逐步排遣自怨自艾或怨天尤人的情绪。

2. 寻找积极因素

即使处境危险，也要寻找积极因素，这样，你就不会放弃取得微小胜利的努力。你越乐观，克服困难的勇气就越大。

3. 做自己的"造命人"

偶有不如意时，切勿对自己说："我时时都是倒霉的。"而对自己说："似乎很多时候我做事都不大如意，到底原因何在？"当你立志改变灰色的人生观，树立光明的人生观时，你便不会再由"命运"操纵了，因为你自己已成了一个"造命人"。

4. 要有幽默感

以幽默的态度来接受现实中的失败。有幽默感的人，才能排除随之而来的倒霉念头，轻松地克服厄运。

不论因何事产生的悲观情绪都能通过上述方法渐渐消除，只要我们对自己抱有坚定自信的信念。有的时候，打倒我们的不是苛刻的外部环境，而是我们的内心，当内心充满阳光时，悲观情绪就不会来打扰我们。

焦虑随时随处可以产生

在如今这个快节奏的社会里，升学就业、职位升降、事业发展、恋爱婚姻、名誉地位，种种事情使人们承受着巨大的心理压力，由此产生焦虑情绪，心神不宁，焦躁不安，严重影响人们的工作和生活。发生焦虑的原因有时候令人匪夷所思、出人意料。

1. 守规焦虑

遵纪守法、照章办事，理所当然，又有什么好焦虑的呢？但是在某些"老实人吃亏"的场合，守规焦虑就在所难免。

我们不妨先看两个例子：一是"人行道焦虑"——过马路走人行道，应该是无忧无虑的吧？但当很多人都不走人行道，一窝蜂跨栏杆而过时，你甘心多绕些路去走人行道吗？当奔驰的车辆对人行道上的行人并不礼让，朝你直冲过来时，你敢走人行道吗？二是"排队焦虑"——当你老老实实地排着长队，等着购物、购票、分房子、评职称时，有人却在前面夹塞、在后门另排小队，也许你等上大半天甚至大半辈子都在候补之列，等轮到你的时候什么都没有了，你心里面紧张不紧张？

2. 付账焦虑

当几个熟人一起坐车、聚餐时，大家抢着购票、付账是司空见惯的事。但是，这种争先恐后只是表面现象而已，有些场合是出于真情实意，心甘情愿地要为他人付账；有些场合则多少有点虚情假意，只是不得不做做样子。虽说 AA 制现在在青年中已流行开来，但一般人还是不习惯这种"分得太清"的方式。觉得既然是"熟人",就不能太"生分",为了表示热情主动、不分彼此,就该抢先付账,否则显得不够交情,甚至有爱占别人便宜之嫌。但如果"抢付"成功,内心又不免有点担忧:这份人情,别人会及时还吗?因此,抢付时不免"进亦忧,退亦忧",心里面紧张一番。

3. 催账焦虑

如果请你想象一下催账人、讨债人的形象,在你的脑海中绝不会浮现出一个和蔼可亲的面目,而极有可能联想到《白毛女》一类的电影中地主逼租的镜头。其实,向人讨账并非"黄世仁""南霸天"的专利,你自己在日常生活中恐怕也难免遇到需要向人催账的情况,但是"催账焦虑"也许最终使你没能开口。

4. 点钱焦虑

有些人一碰到钱,就显得马虎大意,从别人手中接钱时(如领工资、取买东西找回的余款),尤其是从熟人、好友手中接钱时往往看都不看,一把塞在口袋里。待回家查点对不上数,便只好自认倒霉或者闹出不小的矛盾。其实,在这种"马虎"的背后,有一种"点钱焦虑"在作怪:不点心里不放心,点又显得太多心。当面一五一十地核点,似乎太不信任对方,两人都不免有点难堪,朋友之间说不定还会因此影响交情;不当面点清,一旦有差错,事后再查就说不清、道不明了。点和不点都不好,自然免不了一番焦虑。

5. 诚信焦虑

中国民间流传的告诫人们如何为人处世的人生格言非常多,

但其中又有不少相互矛盾的说法。例如，一方面提倡"以诚待人""以心换心"，另一方面又鼓吹"防人之心不可无""逢人只说三分话，未可全抛一片心"。如果人们同时接受了这两种截然相反的格言，在实际生活中就难免产生"诚信焦虑"——不信任别人，不以诚相待，就会感到一种道德压力。反之，又担心被人利用。

形形色色的焦虑充斥人们的生活，不胜枚举。它们像病菌一样侵蚀人们的灵魂和肌体，妨碍人们的正常生活，影响人们的身心健康。所以，走向美好的生活，应该从拒绝焦虑的情绪开始。

自卑情绪生成的因素

自卑，顾名思义，就是自己瞧不起自己，它是一种消极的情绪。自卑属于性格的一种缺陷，表现为对自己的能力和品质评价过低。自卑的原因包罗万象，比如家庭出身、社会地位、财富、名誉、相貌等。

自卑是一种可怕的消极情绪。其实，自卑心理人人都有，只是程度不同罢了。经常遭受失败和挫折，是产生自卑心理的根本原因。一个人经常遭到失败和挫折，其自信心就会日益减弱，自卑感就会日益严重。自卑会抹杀掉一个人的自信心，本来有足够的能力去完成学业或工作任务，却因怀疑自己而失败。自卑的情绪会影响人的生活和工作，给人的心理、生活带来很大的不良影响。

十几年前，他从一个北方小城考进了北京的大学。上学的第一天，与他邻桌的女同学第一句话就问他："你从哪里来？"而这个问题正是他最忌讳的，因为在他的逻辑里，出生于小城，就意味着小家子气，没见过世面，肯定被那些来自大城市的同学瞧不起。就因为这个女同学的问话，他一个学期都不敢和同班的女同学说话，以致一个学期结束的时候，很多同班的女同学都不认识他！

很长一段时间，自卑的阴影都占据着他的心灵。最明显的体现就是每次照相，他都要戴上一个大墨镜，以掩饰自己的内心。

20年前，她也在北京的一所大学里上学。大部分日子，她也都在疑心、自卑中度过。她疑心同学们会在暗地里嘲笑她，嫌她肥胖的样子太难看。她不敢穿裙子，不敢上体育课。大学时期结束的时候，她差点儿毕不了业，不是因为功课太差，而是因为她不敢参加体育长跑测试！老师说：只要你跑了，不管多慢，都算你及格。可她就是不跑。她想跟老师解释，她不是在抗拒，而是因为恐慌，恐惧自己肥胖的身体跑起步来一定非常的愚笨，一定会遭到同学们的嘲笑。可是，她连向老师解释的勇气也没有，茫然不知所措，只能傻乎乎地跟着老师走。老师回家做饭去了，她也跟着。最后老师烦了，勉强算她及格。

在最近播出的一个电视晚会上，她对他说："要是那时候我们是同学，可能是永远不会说话的两个人。你会认为，人家是北京城里的姑娘，怎么会瞧得起我呢？而我则会想，人家长得那么帅，怎么会瞧得上我呢？"他，现在是中央电视台著名节目主持人，经常对着全国几亿电视观众侃侃而谈，他主持节目给人印象最深的特点就是从容自信。他的名字叫白岩松。她，现在也是中央电视台著名节目主持人，而且是第一个完全依靠才气而走上中央电视台主持人岗位的。她的名字叫张越。

自卑的情绪谁都会有，并不可怕，可怕的是被自卑所操纵，迷失了自我。一个人如果太看重别人的评价，因为自己的一点缺陷就自卑，势必会影响他的正常生活。严重自卑的人，并不一定是其本身具有某些缺陷或短处，而是不能接纳自己，自惭形秽，妄自菲薄，常把自己放在一个低人一等、别人看不起自己的位置上，并由此陷入不能自拔的痛苦境地，心灵笼罩着永不消散的愁云。其实，每个人身上都有闪光点，不管这个闪光点是多么微不足道，但它毕竟是个优点，是别人没有的优点。

有一次，一名士兵奉命将一封信送往自己景仰的统帅——拿破仑的手中，由于过于兴奋，拼命地策马前行，胯下的坐骑一到目的地就累死了。拿破仑读了信后，立即复信，命人牵过自己的战马，吩咐那名士兵骑马回营。"不，尊敬的将军，"那名士兵看到统帅那匹心爱的骏马，恳切地说，"我只是一个普通的士兵，没有资格骑这匹高贵的马。"拿破仑不假思索地答道："世上没有一样东西是法兰西战士不配享有的！"士兵一下子想明白了，立即上马，绝尘而去。

正如那个士兵一样，很多人都把自己想得太卑微，这使得他们往往无法实现自己的目标。在优秀人士身上，我们看不到自卑的影子。每个人都有自己独特的价值，有什么理由自卑呢？

那么怎么样才是自卑呢？自卑主要表现在 3 个方面：

1. 胆怯封闭

一些人由于深感自己不如别人，在与人交往或者从事某项事业中必败无疑，于是把自己封闭起来。但是他们越是封闭自己，越是对自己没有自信，从而造成不良循环。

2. 自尊过强

即人们常说的过分的自卑以过分的自尊表现出来，尤其当屈从的方式不能减轻其自卑之苦时，就采用好斗的方式。有自卑感的人，他们比任何人更在意被别人发现其内心的真实想法，因此当他认为别人可能会发现时，便采用这种好斗的方式阻止别人的了解。

3. 跟随大溜

丧失信心之人，常对自己的决定缺乏自信，便随大溜以求与他人保持一致。自卑者在做某件事之前就想：别人是不是有这样的看法？我这样做会让人笑话吗？会不会被认为是出风头？在做了事之后，又想：不知会不会得罪人？如果刚才不那样做就会更好，等等。

总之，自卑情绪能给人们带来精神上的折磨，一个自卑感非常强烈的人，他的生活也会非常痛苦。想要走出自卑，就要树立自信，这样我们才会得到真正的快乐，那么是选择自卑的痛苦，还是生活的快乐，结果不言而喻。

抑郁对情绪的影响

抑郁是比忧虑更深一层次的情绪状态，被人们称为"心灵流感"。作为现代社会的一种普遍情绪，抑郁并没有引起人们足够的重视，然而较长时间的抑郁会让人悲观失望、心智丧失、精力衰竭、行动缓慢。

对于抑郁的人，所有的怜悯都不能穿透他把自己和世人隔开的那面墙壁。在这封闭的墙内，不仅拒绝别人哪怕是极微小的帮助，而且还用各种方式来惩罚自己。在抑郁这座牢狱里，其中的人同时扮演了双重角色：受难的囚犯和残酷的罪人。正是这种特殊的心理屏障——"隔离"，把抑郁感和通常的不愉快感区别开来。

心境低落是抑郁情绪的主要表现。抑郁情绪属于心理学的范畴，却不单纯表现为心理问题，还可能诱发一些躯体上的相关症状，比如口干、便秘、恶心、憋气、出汗、性欲减退等，女性患者可能会出现闭经等症状。

抑郁情绪症的具体症状有以下表现：

（1）常常不由自主地感到空虚，为一些小事就感到苦闷烦恼、愁眉不展；

（2）觉得生活没有价值和意义，对周围的一切都失去兴趣，整天无精打采；

（3）非常懒散，不修边幅，随遇而安，不思进取；

（4）长时间的失眠，尤其以早醒为特征，醒后难以再次入睡；

（5）经常惴惴不安，莫名其妙地感到心慌；

（6）思维反应变得迟钝，遇事难以决断，行动也变得迟缓；

（7）敏感而多疑，总是怀疑自己有大病，虽然不断进行各种检查，但仍难消除其疑虑；

（8）经常感到头痛，记忆力下降，总是感觉自己什么也记不住，脾气古怪，常常因为他人一句不经意的话而生气，感觉周围的人都在和自己作对；

（9）总是感到自卑，对自己所做的错事耿耿于怀，经常内疚自责，对未来没有自信；

（10）食欲不振，或者暴饮暴食，经常出现恶心、腹胀、腹泻或胃痛等状况，但是检查时又没有明显的症状；

（11）经常感到疲劳，精力不足，做事力不从心；

（12）变得冷酷无情，不愿意和他人交往，酷爱生活在一个人的空间，甚至自己的父母都难以与其进行正常交流，害怕他人会伤害自己；

（13）对性生活失去兴趣，甚至会厌恶，觉得很恶心；

（14）常常有自杀的念头，认为自杀是一种解脱。

抑郁者的人生态度通常很消极。正由于抑郁使人丧失了自尊与自信，总是自我责备、自我贬低，无论是环境还是自我，都不能积极对待；对环境压力总是被动地接受而不能积极地控制，更谈不上改造；对自我也总感到难以主宰而随波逐流。于是在人生征程上没有理想与期待，只有失望与沮丧。总感到茫然无助，陷入深重的失落感而难以自拔，对一切都难以适应，只能退缩回避。

作为美国第十六任总统，林肯也受过抑郁情绪的困扰："现在我成了世上最可怜的人。如果我个人的感受能平均分配到世界上每个家庭中，那么，这个世上将不再会有一张笑脸。我不知道自己能否好起来，我现在这样真是很无奈。对我来说，或者死去，或者好起来，别无他路。"

我们周围常常有这类人，当生活环境发生重大变化而呈现出巨大反差时，当人生之旅中出现一些变故、遇到一些挫折时，或者仅仅由于环境不如意，便精神不振、心神不定，百无聊赖而焦躁不安，不思茶饭更无心工作，甚至对生活失去信心，整个人跌入消极颓丧中。抑郁是禁锢人心灵的枷锁，困扰着人们，使人不能在现实的世界中调整自我，只能渐渐退缩到自我的小天地里。

　　为了使我们的生活永远充满阳光，为了使我们有一个健康向上的心理，人们曾费尽心思地寻找克服抑郁的药方。通过研究，克服抑郁的有效办法有：从事可振奋情绪的活动，观看让人振奋的运动比赛，看喜剧电影，阅读让人精神振奋的书。不过值得注意的是：有些活动本身就会让人沮丧，比如，研究发现，长时间看电视通常会使人陷入心情低潮状态。

　　科学家发现，有氧舞蹈是摆脱轻微抑郁或其他负面情绪的最佳方式之一。不过这也要看对象，效果最好的是平常不太运动的人。至于每天运动的人，效果最好的时期大概是他们刚开始养成运动习惯的时期。

　　善待自己或享受生活也是常见的抗抑郁药方，具体的方法包括泡热水澡、吃美食、听音乐等。送礼物给自己是女性常用的方式，大量采购或只是逛逛街也是一种抗抑郁的方式。经研究发现，女性利用吃东西治疗悲伤的比率是男性的3倍，男性诉诸酒精的比率则是女性的5倍。

　　另一个提升心情的良方是助人。抑郁的人萎靡不振的主要原因是不断想到自己某些不愉快的事，设身处地同情别人的痛苦自可达到转移注意力的目的。经研究发现，担任义工是很好的方法。然而，这也是最少被采用的方法。

　　抑郁就好像透过一张网看外面的世界，无论是考虑你自己，还是考虑世界或未来，任何事物看来都处于被网线牵绊的状态。我们要摆脱抑郁情绪的困扰，让健康的心态永远伴随着我们，才能不受心灵流感的侵袭。

第三章

情绪的惊人力量

情绪决定生活质量

　　情绪是人类天性的重要组成部分，没有情绪，我们都会成为植物人。然而，情绪却是人类历史上最容易被忽视、研究最少的题目之一。在 20 世纪 90 年代以前，你几乎无法在书店里找到一本关于情绪的书。此后，科学家才开始对这个题目感兴趣。1995 年，随着美国人丹尼尔·格尔曼《情感智商》一书的出版，人们开始广泛关注情绪。情绪之所以重要，在于它能够决定我们的生活质量，这一点可以从以下几个方面得到印证。

1. 情绪影响你的幸福感

　　幸福的感觉通常是受情绪影响的，这是因为人的一切行为的改变都必须从自己的感受开始改变。请看：

外界刺激→想法→感觉（情绪）→行为→结果（幸福或不幸）

上面这个推论是什么意思呢？让我们举例说明一下，假设一个人失恋（外界刺激）了，他认为这是不好的事情，觉得自己被抛弃了，从此将生活在黑暗之中，再也没有希望了（想法）。他感觉到沮丧（情绪），把自己关在房间里，趴在床上哭，不和任何人讲话（行为）。久而久之，他变得内向、孤僻，不敢和异性接触（不幸）。不同的情绪状态会产生不同的行为，你自信时的行为会与自卑时的行为不同，在心情平静时的行为会和冲动时的行为不同，在沮丧时的行为会和兴奋时的行为不同，在大多数情况下，不同的行为会导致不同的结果。

我们都曾有过万事如意的时光，有时清晨起来就觉得神清气爽、精神饱满，对一切都充满热情，平日里棘手的工作也觉得得心应手，你微笑地面对周围的人，热情地投入生活，总之，你觉得一切都是那么美好。但是我们也有过完全相反的经历，有时会莫名其妙地感到情绪低落，被巨大的忧虑所包围，你无精打采，面对一大堆待办的事，却怎么也提不起精神，什么也不想做。平时做起来易如反掌的事，此时却感到举步维艰，有时竟然会突然叫不出一位熟悉的朋友的名字，或者突然忘了一个字怎么写，觉得整个生活都是灰色的。有时，自己自信、坚强、果断、快乐、兴奋、有激情；有时，自己却忧虑、沮丧、恐惧、悲伤。

之所以会出现这些差别，原因就在于我们处于不同的情绪状态。所有生活幸福的人，并不是因为他们比较幸运，而是由于他们都能够很好地控制自己的情绪，使情绪时常处于最佳状态。因此，从现在起，你要了解这两种情绪，并学会调整它们。

2. 积极情绪有利于你的健康

现代科学研究证明：情绪可以通过大脑而影响心理活动和全身的生理活动，从而影响我们的健康。积极的情绪能提高大脑皮层的张力，通过神经生理机制，保持人体内外环境的平衡与协调，消极情绪则严重干扰心理活动的稳定，致使我们的体液分泌紊乱，免疫功能也随之下降。

积极情绪是身心活动和谐的象征，是心理健康的重要标志。一项心理学研究发现，对自我前途和未来持冷淡态度是身体健康不良的预兆。有一位外国流行病学专家断言，长期持有这种绝望意识的人，其死亡率高于心脏病、癌症和其他病因造成的平均死亡率。这说明，乐观态度对于健康大有裨益。

积极情绪能使人的大脑处于最佳活动状态，能充分发挥有机体的潜能，提高活动效率，使人精力充沛，食欲旺盛，睡眠安稳，充满生机与活力，从而增强对疾病的抵抗能力。英国著名科学家法拉第，年轻时由于工作紧张，造成神经失调，身体虚弱。后来他不得不去看医生，而医生却没开药，只说了一句话："一个小丑进城，胜过一打医生。"法拉第仔细琢磨，悟出真谛。从此他经常抽空去看戏剧、马戏和滑稽戏，不久健康状况大有好转。

因此，要想保证身体健康，我们必须要学会控制不良情绪。

3. 负面情绪容易导致疾病的发生

负面情绪是引起身心疾病的重要原因。它一旦产生，一方面会引起整个心理活动失去平衡；另一方面则导致生理方面的一系列变化，如脸色苍白、心跳加速等。早在两千多年前，我国古人就有"怒伤肝""思伤脾""忧伤肺"与"恐伤肾"等说法。古往今来，因情绪过激而致死的故事也不少，英国著名生理学家亨特，天生脾气急躁，他生前常说："我的命迟早要葬送在一个惹我真正动怒的坏蛋手上。"结果，在一次会议上，"坏蛋"出现了，亨特盛怒之下，心脏病猝发，当场身亡。

人在负面情绪的笼罩下，意识会变得狭窄，判断力、理解力会降低，甚至会失去理智和自制力，造成正常行为瓦解，人际关系失调，目标混乱，免疫力下降，从而导致疾病的发生。

美国的自我管理专家杰克迪希·帕瑞克总结出了一些负面情绪可能引发的疾病，请看下表：

负面情绪	可能引发的疾病
愤怒、怨恨	皮疹、脓肿、过敏、心脏病、关节炎
困惑、沮丧、气恼	感冒、肺炎、呼吸道不畅、眼鼻喉不适、哮喘
焦虑、烦躁	高血压、偏头痛、溃疡、听力障碍、近视、心脏病
愤世嫉俗、悲观、厌恶、恐惧、愧疚	低血压、贫血、肾病、癌症

情绪影响着一个人的幸福感，也影响着一个人的健康。遇到不顺心的事，可以用积极的情绪自救，积极乐观地看待事情。一个会控制自己情绪的人即使面对困境，也依然会获得幸福，摆脱各种疾病的困扰，从而保证身心健康。

情绪对认知和行为的影响

人们经常爱拿这样一个实验展现情绪的力量：水平差不多的两班同学在即将参加一个大型竞赛时，老师对其中一个班的同学大加赞赏，认为其一定能在竞赛中取得好成绩，这个班的同学在得到鼓励和认可之后就非常高兴；而老师则对另一班的同学表现出比较担忧的样子，老师的否定让班里的同学垂头丧气。最后的竞赛结果也可想而知：得到鼓励和赞赏的班级取得了非常好的成绩，而被否定的班级成绩则是一塌糊涂。

情绪具有一种神奇的力量，这种力量可以影响甚至左右一个人的认知行为。比如在你情绪好、心情愉快的时候，你的办事效率就会高，做事情就比较顺利；但是在你情绪低沉、心情抑郁的时候，你会觉得思路阻塞，任何事情都开展迟缓。

情绪就像是我们精神的感知棒，它时时影响甚至左右人的认知行为。我们每做一件事、每说一句话，都受到一定的心理状态和心理活动的影响和制约，尽管有时候我们觉察不到。具体来说，情绪在以下 3 个方面影响并左右着人的认知行为：

1. 心理动机方面

情绪与心理动机存在各种联系。有研究表明，良好的情绪能增强人的心理动机，因为此时的个人，不仅行为效率提高，而且相信自己可以把事情圆满完成，这种状态能激励人的行为。反之，情绪受到压抑，行为效率受到阻碍，心理动机也因此减弱。因而，为了促进良好心理动机的实现，保持较佳的情绪也显得非常重要。

2. 智力活动方面

情绪直接影响着个人的记忆和思维活动。心理学家丹尼尔·戈尔曼指出，情绪影响智力水平和思维活动的发挥，这是每个老师都知道的。学生在焦虑、愤怒、沮丧的情况下，根本无法学习。事实上，任何人在这种情况下都难以有效地从事正常的工作和学习。

3. 人际交流方面

情绪是人际交流的重要手段。人们通过自己的面部表情、身体动作以及语言声调等表达自己的看法或者观点，如高兴时笑，痛苦时哭，发怒时横眉立目、握紧拳头等等。在所有情绪表达中，微笑是最有利于人际交流的一种情绪表达，它能拉近沟通者之间的距离，增加亲和力，促进沟通的顺利开展。

情绪对人们的心理动机、智力活动以及人际交流产生这么重要的影响，那么面对情绪变化，我们应该培养自我的心理调节能力，这种心理调节能力是一种理性的自我完善，在实际行为上主要体现为强烈的意志力和忍耐力。它使人以平和的心态来面对人生的起起落落，保持与他人交往时的淡定从容，也能促使自己的身心配合默契，做什么事情都得心应手。

当然，在生活中的每个人都具有不同的能力，或富有自信、勇气、冷静、理性，或富有决心、创造力、幽默感等，实际上，这些能力都是个人内心的一种感觉。当人们没有这些良好感觉的时候，即使具备知识、技能等资源，也不能很好地运用它们，或者根本不去运用它们。

因此，在面对情绪影响甚至左右个人认知行为时，学会控制和左右自己的情绪是个人成功的要诀。那些情绪健康的人，往往神采飞扬、激情澎湃，他们肯冒险、爱创新，善于把握生命中出现的每个机遇，从而让人生处于一种最佳的竞技状态。反之，情绪低迷的人，竞技状态比较差，也更容易遭到失败。

世上有许多事情的确是难以预料的，情绪的波动在所难免。但是，不管我们面对怎样的境遇，都要调节好自己的情绪，既不要自暴自弃，也不可盛气凌人，以宽容豁达之心来面对这个世界，不要让情绪成为成功路上的绊脚石。

好心情对健康的积极效用

让自己保持愉快的心情是保持人体内分泌平衡的最佳方法。健康的情绪，比如平和镇定、乐天知命、勇敢坚定以及愉悦，都会刺激脑下垂体分泌激素以达到最佳激素平衡。这种平衡所产生的效力可能比世界上的任何药物都更加理想。

在1934年抗菌剂发明以前，曾经有位男人出现了肾脏感染。当时这还是一种很严重的病症。他脾气暴躁，时常有不满情绪。他的病情越来越严重，而那些不良情绪刺激了他体内肾上腺皮质激素的分泌。

不久，这位患者遇到了一位巫医。这位巫医让他的情绪变得愉悦起来，让他对生活充满了热情、希望和信心。后来，内分泌平衡在这个男人体内形成了最佳保护，体内的自我免疫系统是那个时代唯一的治疗手段。于是，他逐渐痊愈了。

其实，身体本身就能够治疗疾病。保持正面的情绪，给身体以正面的刺激，可有益于健康。

不论通过何种形式，只要情绪得以改善，就会有同样良好的效果，比如，进行一次浪漫的恋爱。

有一个身患绝症的人，死神已经向他招手了，他几乎可以听见黄泉路上的潺潺流水声了。但他不想死，真的不想死。

忽然，有一天，他在医院门口看见了讣告。过去，他从未留意过医院门口的讣告。而这一次，讣告磁石般地将他吸引了。于是，他每天都到医院门口看讣告，看谁又被贴出来了。一个又一个名字。有些是他很熟悉的：熟悉他们的音容笑貌，熟悉他们的家庭子女。于是，他开始一笔一画地抄写讣告。日积月累，他抄写了厚厚的一个本子。有这么多人，在前面走了，自己对死亡，还有什么可惧怕的呢！讣告上那些沉痛的词语感染着他，燃烧着他。燃烧过后，他的内心反倒平静下来了。如果有一天，自己的名字真的被加上了黑框，真的被写到讣告上了，应该是一件很平常的事情。

闲下来时，他开始整理那些讣告。他将每一条讣告整理成文辞精美的散文。他歌颂死者，超度死亡，心里没有一丝倦怠和杂念。

他有一个朴实的想法，写够九十九个人，然后就停笔，将第一百个位置留给自己。虽然，他不知道，有谁会把他当作第一百个逝者来写。他的心情很好，因为有九十九个人在另一个世界等着自己，还有什么可留恋的呢？

第一百个死亡的人，他希望是自己。

可是，上帝一直没有露面。

后来，有一天，他打算给自己写的那些文章编号，排查一下自己的写作数量。让他吃惊的是，他写的文章，已经超过一百篇了。

也就是说，他已经与死亡擦肩而过！

第一百个逝者，不是自己！

他喜出望外，泪流满面！

医生不相信这个奇迹。说：如果真是这样的话，我直接给每个绝症患者开具死亡通知书好了，让患者与死神零距离接触！

后来，他依然心情很好，每天跑到医院门口，抄写讣告，然后，回家整理成文章。

用正面情绪赶走了死亡，让自己健康地活着，可见保持良好的情绪对我们的身心健康异常重要。生活中，我们难免会遇到困难或险境，从而产生烦恼、痛苦、忧伤、愤怒等各种各样的消极情绪。我们要采取适当的方法宣泄不良情绪，重拾一份平和、快乐的心情，保持健康的活力。

有这样一个笑话，说人生有四大悲：久旱逢甘霖，一滴；他乡遇故知，债主；洞房花烛夜，情敌；金榜题名时，重名。本来是四件让人生大喜的事情瞬间变成大悲的事情，仅仅就是因为多加了两个字，其实也是因为最根本的两个字发挥了作用——心情。心情好了，看到任何事物都感到愉快，心情不好，即使是快乐的事情，他也能品出悲苦的味道来。所以，我们在本就很忙碌的生活中，不妨开心一下，保持轻松愉快的好心情，才能开心健康地活着。

心情的颜色影响世界的颜色

生活的现实对于我们每个人来说都是一样的。但一经个人"心态"的反射以后，情绪就会折射出不同的色彩。正如太阳本一色，但是却由频率不同的七种颜色组成，当你的心态是红色，反射出的情绪就是红色；当你的心态是蓝色，反射出的情绪也就是蓝色。我们的心里承载着不同颜色的事实、环境和世界。心态改变，情绪也会随之改变，从而使得情绪的不同反应产生不同心理表现。心里装着哀愁，情绪就会低迷，眼里看到的就全是黑暗，只有抛弃已经发生的令人不痛快的事情或经历，才会迎来好心情。

有一天，詹姆斯忘记关上餐厅的后门，结果导致早上 3 个武装歹徒闯入室内抢劫，他们要挟詹姆斯打开保险箱。由于过度紧张，詹姆斯弄错了一个号码，歹徒惊慌失措，开枪射击詹姆斯。幸运的是，詹姆斯很快被邻居发现了，送到医院紧急抢救，经过 18 个小时的外科手术及长时间的悉心照顾，詹姆斯终于出院了，但还有块子弹碎片留在他身上……

事件发生 6 个月之后，詹姆斯的朋友问起歹徒闯入时他的心路历程。詹姆斯答道："当他们击中我之后，我躺在地板上，还记得我有两个选择：生或者死。我选择活下去。"

"你不害怕吗？"朋友问。詹姆斯继续说："医护人员真了不起，他们一直告诉我没事，要我放心。但是在他们将我推入紧急手术间的路上，我看到医生和护士脸上忧虑的神情，我真的被吓到了，他们的脸上好像写着：他已经是个死人了！我知道我需要采取行动。"

"当时你做了什么？"

詹姆斯说："当时有个护士用吼叫的音量问我一个问题，她问我是否会对什么东西过敏。我回答：'有。'

"这时，医生跟护士都停下来等待我的回答。我深深地吸了一口气喊道：'子弹！'等他们笑完之后，我告诉他们：'我现在选择活下去，请把我当作一个活生生的人来开刀，而不是一个活死人。'"

詹姆斯能活下来当然要归功于医生的精湛医术，但同时也归功于他令人惊异的情绪状态。我们从他身上学到，每天你都能选择享受你的生命，或是憎恨它。这是唯一一项真正属于你的权利。没有人能够控制或夺去的东西，就是你的态度。如果你能时时保持好的心情，你强大的情绪力量会让很多困难的事情变得容易许多。

心情的颜色会影响我们看世界的颜色，也就是影响外界刺激下的情绪。如果一个人，对生活抱一种达观的态度，就不会因不如意的事情，激发负面情绪。大部分终日苦恼的人，实际上并不是遭受了多大的不幸，而是自己的情绪调控存在着某种缺陷，对生活的认识存在偏差。事实上，生活中有很多坚强的人，即使遭受不幸，也快乐依旧。充满着欢乐与战斗精神的人们，永远带着欢乐生活，无论生活是雷霆还是阳光。

1% 的坏心情导致 100% 的失败

生活中，我们经常见到有人因情绪失控而乱发脾气，也经常看到有人因为发了脾气而把事情搞得一团糟，其中的原因不是这个人的工作能力不高，更不是这个人缺乏与人沟通的能力，而是因为这个人 1% 的坏心情，导致了最后 100% 的失败。

或许你不信这个结论，也或许你认为这么说有点夸张。其实不然，一个人的心情和一个人手头所做的事情有着很紧密的联系，心情好，手头的事情也相对完成得好，或许说是完成的质量较高，相

46

反，心绪不稳，总是左顾右盼，胡思乱想，根本就不把心思放在工作上，这样的心态又怎么能把事情做好呢？

美国石油大王洛克菲勒就是一个能正确对待自己坏心情的阳光人士，而他的对手恰恰是因为不能控制这1%的坏心情，导致了最后的失败。

在法庭询问上，对手律师的态度明显怀有恶意，甚至有羞辱之意，可以想象，当时洛克菲勒的心情有多么糟糕。如果这个时候他也发怒，必将掉入对方设计的陷阱之中。不过洛克菲勒很聪明，他明白这个时候控制自己的情绪有多么重要，自己一定不能和对方的律师一样鲁莽，更不能让自己这种气愤的心情有所流露。

"洛克菲勒先生，我要你把某日我写给你的那封信拿出来。"对方律师很粗暴地对他说。洛克菲勒知道，这封信里面有很多关于美孚石油公司的内幕，而这个律师根本就没有资格来问这件事情，不过洛克菲勒先生并没有进行任何的反驳，只是静静地坐在自己的座位上，没有任何表示。

"洛克菲勒先生，这封信是你接收的吗？"法官开始发问。

"我想是的，法官先生。"

"那么你对那封信回复了吗？"

"我想没有。"

这时法官又拿出许多其他的信件来，当场宣读：

"洛克菲勒先生，你能确定这些信都是你接收的吗？"

"我想是的，法官。"

"那你说你有没有回复那些信件呢？"

"我想我没有，法官。"

"你为何不回信，你认识我，不是吗？"对方律师开始插嘴。

"是的，当然，我想我从前是认识你的。"

至此，看到洛克菲勒丝毫不动怒，像什么事都没发生过一样，对方律师心情已经坏到极点，甚至有点开始暴跳如雷了，而洛克菲勒还是坐在那里丝毫不动，似乎眼前的事情根本就没有发生过，全庭寂静无声，除了对方律师的咆哮声。

最后对方律师因为情绪失控，在法庭上说漏了嘴，最终结果可想而知，洛克菲勒不仅赢得了官司，还在美国人眼中留下了一个很优雅的形象。

这位律师因为自己的暴怒情绪，而将自己弄得方寸大乱，很多言行都被情绪控制，而不是头脑控制，这时的他就像一个掉线木偶，情绪受对手也就是洛克菲勒影响着，坏心情一点点扩大，最后输了这场官司。

生活中有太多这样的例子，由于自己不懂得控制坏情绪，最后酿成难以挽回的错误。情绪的力量可见一斑。

当然一个人也不能像一根木头一样，没有情绪，没有思想，不可能永远都不发怒，不可能永远都能心情很好地走进每天的生活。可是当你真正发怒的时候，你试想这样会发生什么样的后果？这样到底会不会损害你的利益，会不会动摇你在别人心目中的地位？如果你能真正意识到这一点，真正明白发怒只能把事情搞砸，而绝对不能把事情完美解决的话，你肯定就会好好地约束自己的情感，好好地控制自己的情绪，这样也就能和石油大王洛克菲勒一样，轻而易举地打败对方。

第二篇

失控的内心世界

　　高负荷的工作，诸多烦心事无时不刻在搅扰我们的生活，因而产生的情绪也如四季般变化无常，一旦情绪发生波动，个人情绪就会表现出不同的内在感受。假如一个人负面情绪经常出现，而且持续时间较长，就会对自己产生负面影响，如影响身心健康、人际关系和日常生活等。那么，对于失控的内心世界，深处压力的现代人又该如何应对呢？

第一章

情绪爆发，人体不定时的"炸弹"

看清你的情绪爆发

生活中，悲伤、愤怒、恐惧这些人体不定时的"炸弹"随时有可能会爆发。脆弱是情绪爆发者当时的特点，心理防线已经崩溃，所有情绪就不在自己控制范围内了。

碰到涕泪横流或暴跳如雷，或极度焦虑而接近崩溃的人时，你当时会怎么想？是替他们担心，想帮助他们，还是对此感到恼怒，不想被牵连？当你试着让他们静下心来时就会发现，这些办法却助长了他们的情绪爆发，尽管这些办法对那些理性的人有效。这就是所谓的情绪爆发地带。

那么，究竟什么是情绪爆发？

情绪爆发有着各种各样的原因。爆发可能来自危险、恐吓、痛苦、烦恼、压抑，等等。尽管起因和结果各不相同，但是它们却有如下的共性：

1. 情绪爆发极为迅速

情绪爆发发生得极其快速，以致人们很难判断事态的发展和思考应对的方法。速度之快往往让人认为情绪爆发是无法预知的，因为它们总是出现得非常突然。正相反，这只是一种感觉，它并不能作为评判事实的最佳标准。

先冷静一会儿，使自己对事件的觉醒能力放慢下来，这样有助于了解起因和结果之间的关联性。通常，越是自己熟悉的所见所闻，就越觉得事物运动得慢。如相比自己的母语，外语听起来总是要快一些。

2. 情绪爆发非常复杂

情绪爆发包含言语、思想、荷尔蒙、神经传导和电脉冲。它由诸多同时发生的事件组成，也包括你和情绪爆发者都有的一些不同水平的体验。

当遇到情绪爆发者对你说话时，你需要清楚对方当时的说话内容，思考他们说话时的想法，以及他们身体里正在产生的相关生理反应。

当婴儿的情绪爆发时，大部分人，特别是家长往往能处理得得心应手，但对于成年人的情绪爆发问题，他们在应对时总是要差很多。这两类人的情绪爆发极为类似，只是人们的反应和感受极为不同罢了。

与成年人接触，人们往往更注意言语，有时试图与爆发者交谈，劝慰他们，使他们摆脱情绪困扰。但人们不会对婴儿也采取交谈和劝慰，而是抱起他们，给他们奶瓶。成年人情绪爆发时，我们不要过于关注其外在表现，而要多思考引起这种情绪爆发的内因。要像听到婴儿啼哭时那样，去应对成年人的情绪爆发问题。

3. 情绪爆发需要参与者

情绪爆发是一种需要他人参与的社会活动，即便找个隐秘的地方爆发，在爆发者的心里也是有听众的。可以这么说，情绪爆发就像一棵倒下的大树所发出的声响。没人听到声响，谁也不知道发生了什么，倒下的大树只是扰乱了周围的空气。与此不同的是，情绪爆发者可能会持续扰乱空气，直至有人听见情绪的爆发。

一旦情绪爆发，人们就会被牵扯进去，不可能只是目睹它的爆发，不管他们自己是否愿意。而事态的发展都或多或少地取决于人们的回应方式。最佳的回应或许是什么也不要做，特别是当自己没有其他选择的时候。通常，人们对情绪爆发采取的方式是以爆发回应爆发，或是向爆发者解释不应该有那种情绪的理由。不幸的是，这样往往会使事态朝着更恶劣的方向发展。

4. 情绪爆发是一种表达

情绪爆发者往往想通过自己的极端行为来向外界表达自己的感情与思想。一般，他们因找不到合适的话语而用行为来引起其他人产生同样的感受。当知道自己的感受被别人理解时，他们的那种被迫性示威行为或许就不会发生。

处于爆发地带的人们可能会有种被操纵的感觉，或者说，有一种被迫做自己不愿意做的事情的感觉。这样的想法只是一种急速的判断，非常不利于他们了解和处理情绪爆发。

　　想有效地应对情绪爆发，就必须站在他人的角度上看问题。如果认为情绪爆发是别人企图利用自己的恶劣手段，是极为错误的。他们爆发时表现出来的感受，是希望有人能做些事情，使他们感觉好起来，尽管他们往往并不知道那些事情是什么，他们也不在意做事情的主体是谁。

　　当然，情绪爆发者并不是想故意操纵别人。他们的爆发行为并不是故意的，而是一种无意识的行为。如果想让他们对自己的这种行为负责，很可能会使他们更为恼怒。尝试着询问情绪爆发者想让别人做些什么，这是有效地处理问题的技巧。如果你已经知晓他们想要的东西，那就最好不要再继续这个问题。

5. 情绪爆发会反复进行

　　情绪爆发是系列性的事件，而不是单独一个事件。反复是大多数情绪爆发的关键要素。反复地爆发会增强和延长这一爆发事件本身。如何化解这些反复至关重要。遇到让你手足无措的情绪爆发时，可以想方设法稳定这个事件，以防它再次爆发。

　　解决情绪爆发最好的方法就是尽力去帮助他们，但不是对他们屈服，不是一味地满足他们的任何要求。不能做个老好人，但对他们尽量和蔼、细心、勇敢。运用一些不会使情绪爆发者受到伤害而对他们有益的方法。这些方法要打破常规，即使令人觉得不舒服的方法也可以拿来试试。

"情绪风暴"中人心容易失控

所谓情绪风暴，就是指机体长时间地处于情绪波动不安的应激状态中。美国学者在对 500 名胃肠道病人的研究中发现，在这些病人当中，由于情绪问题而导致疾病的占 74%。根据我国食道癌普查资料，大部分患者病前曾有明显的忧郁情绪和不良心境。我国心理学家在对高血压患者的病因分析中也发现患者病前常有焦虑、紧张等情绪。可见"情绪风暴"对人体有着巨大影响，因而备受重视。

紧张的情绪、超负荷的工作压力会让你产生难以预料的情绪风暴，带给你更多的烦恼。

35 岁的黄荣新是一家贸易公司的部门主管。年纪轻轻的他能有如此出色的事业，除了才华，更多的是靠勤奋。为了这份工作，他每天工作十几个小时，出差更是家常便饭。突然有一天，一向精力充沛的他发觉越来越多的困扰向他袭来：心悸、失眠、易怒、多疑、抑郁，以前 10 分钟就能解决的问题，现在却要花费一个小时，他甚至对工作产生了极其厌倦的情绪，整个人也变得日渐憔悴。

实际上，在现代社会中，由工作压力带来的心理矛盾和冲突是普遍存在的。竞争的压力、工作中的挫折、生活环境的显著变化、人际关系的日趋紧张等，使人不可避免地处于紧张、焦虑、烦躁的情绪之中。

当个体的情绪处于动荡不安的"风暴"中时，大脑的活动会受影响。例如，过度焦虑会引起大脑兴奋与抑制活动的失调，这不仅会使人的认知范围狭窄、注意力下降，严重者还会罹患精神疾病。日常生活中，常见的一些神经衰弱与焦虑等不良情绪有关。此外，有研究显示，大脑活动的失调还会使自主神经系统的功能发生紊乱，长此以往将使躯体出现某些生理疾病症状。

1943 年，沃尔夫医生偶然遇到了一个名叫汤姆的病人。汤姆因误食一种腐蚀性的溶液而灼伤了食道，不能再吃食物。于是外科医生在他的胃部开了一个口，以便把食物直接灌入胃中，同时，也提供了从洞口中直接观察胃黏膜活动的机会。人们意外地发现，当病人处于紧张的情绪状态中时，胃黏膜会分泌出大量的胃液，而胃液分泌过多将会导致胃溃疡。由此可见情绪对身体有直接的影响。

加拿大心理学家塞尔耶在有关"情绪风暴"对个体的身心变化影响的研究中，提出了情绪应激理论。塞尔耶认为，当人遇到紧张或危险的场面时，会有很重的精神负担，而此时人往往又需要迅速做出重大决策来应付这种危机，机体因此会处于应激状态。在应激状态下，人脑某些神经元被激活，释放出促肾上腺皮质激素因子，并使血管紧张。

随着现代文明进程的加速，社会竞争日益剧烈。人们的生活节奏也跟着"飞"起来，以至于现代人把一个"忙"字作为口头禅。职场白领们在四季恒温的办公区，面对一个格子间，一个显示器，一大堆文件，总有做不完的事情。由于工作紧张、人际关系淡漠等因素，人们的身心压力越来越大。

对于轻微的压力，人们可以通过自我调节来消除，或随着时间的推移而日渐淡化。如果处理得当，还能将压力转化为人生的动力，促进个体能够奋发进取。但若是压力不能及时得以排除，长期积聚，无形的压力会影响人的身心健康，形成所谓的"亚健康"状态。

如果你已经处于"情绪风暴"中，就要尽快从中抽身，做一些对情绪平复有帮助的事情。早一点儿将"风暴"赶走，就早一点儿回归到安宁、平静、快乐的生活中。你儿是情绪的主人，要善于调控自己的情绪。

负面情绪消耗着我们的精神

当我们太在意某件事情的时候，就会变得心神不宁，此时负面情绪消耗着我们的活力和精力，我们是不可能以最佳效率将事情办好的。事实上，所有的负面情绪都与自己的软弱感和力不从心有关，因为此时的思想意识和体内的巨大力量是分离的。所以，在我们的情绪没有回归到平和之前，任何情绪的作用对于我们来说都是消耗，负面情绪越强烈、持续时间越长，这种消耗就越大。

王萌和李乐是一对恋人，王萌是一个文静细心的女孩子，而李乐正好相反，性格外向、开朗。两人感情一直很好。

一天，李乐到外地出差，因为旅途疲惫就直接在旅馆里休息了，没有给王萌打电话。王萌却在另一个城市苦苦等着李乐的消息，左等右等始终不见李乐的电话，她着急了：他现在干什么呢？跟谁在一起呢？这么晚了还不打电话是不是出什么事了呢？越想越糟，却不好意思打电话问原因。就这样，王萌在焦虑不安中度过了一夜。

这是一个在恋爱中十分普遍的现象，如果王萌打个电话问明原因就不会整夜无眠，但是她陷入了不良情绪的旋涡中不能自拔。

很多事情证明：如果人们怀着某种美好的情绪去做事时，往往会出现事半功倍的效果；相反，如果用一种消极的态度来面对事情，结果只能是事倍功半。

　　想想平时发生在我们周围的事情，有多少人因为情绪不好与成功失之交臂，有多少人因为负面情绪而错过了美好的恋人，有多少人因为闹情绪而毁掉了自己的美好前途？

　　大部分人的智商其实都相差无几，要想在激烈的竞争中脱颖而出，情商起到了至关重要的作用。人们越来越重视个人情商的培养。其实，通过一段时间的培训和坚持，我们是可以有效地控制和驾驭自己的情绪的。

　　首先，要随时避免自己产生不良的情绪，适时转移自己情绪注意的焦点。

　　学会驾驭自己的情绪，一旦出现不良情绪，就要告诉自己，生气郁闷不仅要花费力气，还会伤元气。案例中的王萌就让负面情绪影响了自己，以至于浪费了时间，并把自己搞得筋疲力尽。

　　要学会适时地消除自己的不良情绪。气愤时做几个深呼吸，生气时数数绵羊，听听舒心的音乐，跟好友一起到 KTV 唱歌，等等，这些都有助于稳定自己的情绪。

　　其次，意念具有神奇的魔力，可以通过信念的力量来消除不良情绪的困扰。

　　用体力、情绪和信念三种方式来输出一个点数的能量，以体力的方式输出约 10 卡路里，而以信念的方式输出的能量是体力的 100 倍——1000 卡路里。可见，信念的力量是巨大的。合理地运用信念，有助于克服不良情绪的困扰。

由真实故事改编的电影《美丽人生》的主人公纳什教授是一个患有精神分裂症的人，在他的生命长河中有三个想象中的人物一直不离不弃地伴随着他。当医生告诉他那三个人是不存在的，是他幻想出来的时候，他很受打击。但是当他确定自己的病情后拒绝服药，而是运用信念的力量杜绝自己与这三个人交流，专心于自己的研究，最终获得了诺贝尔奖。

再次，合理地转化不良情绪，变废为宝。

并非所有的不良情绪都会导致坏的结果，只要合理地运用不良情绪，转变观念，就能变废为宝。所谓"不愤不启，不悱不发"说的就是这个道理。

古往今来，有多少英雄人物成功地走出了人生的低谷，摆脱了不良情绪的困扰。宋代的苏轼留下了上千首千古绝唱，谁曾想过他官场失意，被贬数次？假如他因此郁郁寡欢，沉浸在悲伤的情绪中不能自拔，怎会有那被传颂至今的豪放词曲呢？

当我们抑郁时、痛苦时、沮丧时，要辩证地看待它们，把它们看作一次教训、一种对成功的磨炼，这样不仅帮助我们查漏补缺，而且有利于继续向美好的生活前进，何乐而不为呢？

负面情绪的极端爆发

一位国外著名的心理咨询师这样说道："压力就像一根小提琴弦，没有压力，就不会产生音乐。但是如果弦绷得太紧，就会断掉。你需要将压力控制在适当的水平——使压力的程度能够与你的心智相协调。"

　　随着生活节奏加快、工作压力增加、人际关系日益复杂、家庭生活也充满越来越多的变数……情绪、心理疾患正日益困扰着现代人。在生活和工作的重压下，很多人常常控制不住自己的情绪，结果不仅影响自己的形象，还会给周围的人造成不好的影响。

　　40 岁的阿利是一位 IT 高级经理，脾气好在单位里是出了名的。但最近这两个月部门的销售形势出现了"瓶颈"，尽管辛辛苦苦每天在外面跑，可业绩榜上还是"吃白板"。一天老板关起门，"和颜悦色"地给他上起了销售培训课，即便没有一句训斥的话，可他还是觉得心里不痛快。而平时十分细心的助理丽丽却在这时把一份报告接连打错了好几个字。一股无名之火立马蹿了上来，他拍着桌子把报告扔到了丽丽头上，小姑娘眼泪滴滴答答地往下流，他还是喋喋不休。后来他冷静下来，自己也觉得情绪失控，追根寻源，还是工作压力太大惹的祸。

　　无处不在的压力给现代人的情绪带来了恶劣的影响，你肯定也有亲身体会：是不是莫名其妙地发脾气、烦躁，看什么都不舒服；坐公交车、地铁，看旁边两个人有说有笑你就生气；别人不小心踩了一下你的脚，你就像找到发泄的渠道一样，与其大吵一架……其实，这些负面情绪无一不是压力带给你的，当压力越来越大，你的情绪越来越差时，结果只有两个，那就是：不在压力中爆发，就在压力中灭亡。当然，这两个结果我们最好是选择前者，情绪不好，发泄出来就可以缓解了。

　　姜玲是一家大型公关公司的客户总监，平均每天要工作 10 个小时以上，最不能忍受的是，常常要同时应对客户、同事、上司几方面的压力。"3个月前接一个项目，客户是一家外地民营公司，不了解这边的情况，提出很多无理的要求。这两个多月，我不断地打电话、发电子邮件，光是'空中飞人'就飞五六次，就是为把事情沟通好。"

"实在是压力太大！" 35 岁的姜玲说。

这边的事情还未处理好，同事中又有临时"掉链子"的，作为项目负责人的姜玲终于崩溃了。"那天我回到家，一个人喝了半瓶红酒，突然觉得很累，也很委屈，就趴在枕头上大哭了一场，嗓子都哭哑了，然后就睡着了。""哭能让我的心情变好。"第二天清醒过来的姜玲意识到了这一点。

在有些城市的部分白领中，有一种被称为"周末号哭族"的群体，而这种看似奇怪的方式正是他们舒缓压力的途径。

及时排解不良情绪，把心中的不平、不满、不快、烦恼和愤恨及时地倾泻出去。记住，哪怕是一点小小的烦恼也不要放在心里。如果不发泄出来，就会越积越多，乃至引起最后的总爆发。

勿让情绪左右自己

情绪如同一枚炸药，随时可能将你炸得粉身碎骨。遇到喜事喜极而泣，遇到悲伤的事情一蹶不振，人世间的悲欢离合都被人的心绪所左右。

爱、恨、希望、信心、同情、乐观、快乐、愤怒、恐惧、悲哀、厌恶、轻快、嫉妒都是人的情绪。情绪可能带来伟大的成就，也可能带来惨痛的失败，人必须了解、控制自己的情绪，勿让情绪左右了自己。能否很好地控制自己的情绪，取决于一个人的气度、涵养、胸怀、毅力。气度恢宏、心胸博大的人都能做到不以物喜，不以己悲。

激怒时要疏导、平静；过喜时要收敛、抑制；忧愁时宜释放、自解；焦虑时应分散、消遣；悲伤时要转移、娱乐；恐惧时要寻支持、帮助；惊慌时要镇定、沉着……情绪修炼好，心理才健康。

空姐吴尔愉是个控制情绪的高手。她的优雅美丽来自一份健康的心态。她认为，当心里不畅快的时候，一定要与人沟通，释放不快。如果一个人习惯用自己的优点和别人的缺点相比，对什么都不满意，却对谁都不说，日积月累，不但她的心情很糟糕，而且她的皮肤也会粗糙，美貌当然会减半。所以，有不开心、不顺心的事，她一定找一个倾诉的伙伴。不但自己能一吐为快，朋友也能从旁观者的角度给她建议，让她豁然开朗。

在工作中，她更善于控制情绪，让工作成为好心情的一部分。飞机上常常遇见刁钻、挑剔的客人，吴尔愉总是能够让他们满意而归。她的秘诀就是自己要控制好情绪，不要被急躁、忧愁、紧张等消极情绪所左右，换位思考，乐于沟通。

有一位患上皮肤病的客人在飞机上十分暴躁，一些空姐都对他很生气。此时吴尔愉却亲切地为他服务，并且让空姐们想想如果自己也得了皮肤病，是否会比他还暴躁。在她的劝导下，大家都细心照顾起这位乘客来。

做自己情绪的主人，是吴尔愉生活的准则，也是她事业成功的秘诀。以她名字命名的"吴尔愉服务法"已成为中国民航首部人性化空中服务规范。能适度地表达和控制自己的情绪，才能像吴尔愉一样，成为情绪的主人。人有喜怒哀乐不同的情绪体验，不愉快的情绪必须释放，以求得心理上的平衡。但不能过分发泄，否则，既影响自己的生活，也会在人际交往中产生矛盾，于身心健康无益。

当遇到意外的沟通情境时，就要学会运用理智，控制自己的情绪，轻易发怒只会造成负面效果。

累了，去散散步。到野外郊游，到深山大川走走，散散心，极目绿野，回归自然，荡涤一下胸中的烦恼，清理一下混乱的思绪，净化一下心灵尘埃，唤回失去的理智和信心。

唱一首歌。一首优美动听的抒情歌，一曲欢快轻松的舞曲或许会唤起你对美好过去的回忆，引发你对灿烂未来的憧憬。

读一本书。在书的世界遨游，将忧愁悲伤统统抛诸脑后，让你的心胸更开阔，气量更豁达。

看一部精彩的电影，穿一件漂亮的新衣，吃一点儿最爱的零食……不知不觉间，你的心不再是情绪的垃圾场，你会发现，没有什么比被情绪左右更愚蠢的事了。

生活中许多事情都不能左右，但是我们可以左右我们的心情，不再做悲伤、愤怒、嫉妒、怀恨的奴隶，以一颗积极健康的心去面对生活中的每一天。

第二章

梦想遭遇灭顶之灾——恐惧爆发

时刻怀疑自己的能力

对于消极失败者来说，他们的口头禅永远是"不可能"，这使他们离梦想越来越远，恐惧情绪由此爆发。这已经成为他们的失败哲学，他们遵循着"不可能"哲学，一直与失败为友。

那些成功人士，如果当初都在一个个"不可能"面前，因恐惧失败而退却，放弃尝试的机会，则不可能获得成功的青睐。没有经过勇敢的尝试，就无从得知事物的深刻内涵，从而勇敢地做出决断。即使失败，也会获得十分宝贵的体验，从而愈发坚强，愈发聪慧，愈发接近梦想。

古代有位国王，想挑选一名官员担任一项重要的职务。

他把那些智勇双全的官员全都招集起来，想试试他们之中究竟谁能胜任。官员们被国王领到一座大门前。面对这座国内最大的、谁也没有见过的大门，国王说："爱卿们，你们都是既聪明又有力气的人。现在，你们已经看到，这是我国最大最重的大门，可是一直没有打开过。你们中谁能打开这座大门，帮我解决这个久久没能解决的难题呢？"

不少官员远远地望了一下大门，连连摇头。有几位走近大门看了看，退了回去，没敢去试着开门。另一些官员也都纷纷表示，没有办法开门。这时，有一名官员走到大门旁，先仔细观察了一番，又用手四处探摸，用各种方法试探开门。几经试探之后，他抓起一根沉重的铁链子，没怎么用力拉，大门竟然开了！原来，这座看似非常坚牢的大门，并没有真正关上，只要拉一下看似沉重的铁链，甚至不必用多大力气推一下大门，都可以打得开。如果连摸也不摸，看也不看，自然会对这座貌似坚牢无比的庞然大物感到束手无策。

国王对打开了大门的大臣说："朝廷中重要的职务，就请你担任吧！因为你不局限于你所见到的和听到的，在别人感到无能为力时，你也会仔细观察，并有勇气冒险试一试。"他又对众官员说，"其实，对于任何貌似难以解决的问题，都需要我们开动脑筋，仔细观察，并有胆量冒一下险，勇敢地试一试。"

那些没有勇气试一试的官员们，一个个都低下了头。

"不可能"并非真的不可能，而是被夸大的困难吓住了前进的脚步。困难就像是"虚掩的门"，只要敢于蔑视困难、把问题踩在脚下，最终你会发现：所有的"不可能"，最终都有机会变为"可能"。

"不可能"经常被人们所引用，它使人们对自己或他人失去信心，也让人们不相信奇迹的发生。"不可能"只是失败者心中的禁锢，具有积极情绪的人，从不将"不可能"放在心上，更不会因为"不可能"而恐惧。

科尔刚到报社当广告业务员时，经理对他说："你要在一个月内完成20个版面的销售。"

20个版面一个月内完成，人们认为这个任务是不可能的。因为报社内最好的业务员一个月最多才销售15个版面。

但是，科尔不相信有什么是"不可能"的。他列出一份名单，准备去拜访别人以前招揽不成功的客户。去拜访这些客户前，科尔把自己关在屋里，把名单上的客户的名字念了10遍，然后对自己说："在本月之前，你们将向我购买广告版面。"

第一个星期，他一无所获；第二个星期，他和这些"不可能的"客户中的5个达成了交易；第三个星期他又成交了10笔交易；月底，他成功地完成了20个版面的销售。在月度的业务总结会上，经理让科尔与大家分享经验。科尔只说了一句："不要因恐惧被拒绝，尤其是不要因恐惧的情绪被第一次、第十次、第一百次，甚至上千次的拒绝。只有这样，才能将不可能变成可能。"

报社同事给予他最热烈的掌声。

在生活中，我们时常碰到这样的情况：当你准备尽力做成某件看起来很困难的事情时，就会有人走过来告诉你，你不可能完成。其实，"不可能完成"只是别人下的结论，能否完成还要看你自己是否去尝试，是否去尽力。是否去尝试，需要你克服恐惧失败的情绪；

是否去尽力，需要你克服一切障碍，获得力量。以"必须完成"或者"一定能做到"的心态去拼搏、去奋斗，你就一定会做出令众人羡慕的成绩。

在积极者的眼中，永远没有"不可能"，不要被别人认为"不可能"的事情吓倒，取而代之的是"不，可能"。积极者用他们的意志和行动，证明了"不，可能"。

输给自己的假想敌

到了一个阴森森、黑漆漆的地方，我们会感到毛骨悚然，心跳加速，好像危险的事就要发生，于是步步惊魂，随时提高警惕，严阵以待，但是到了最后，往往什么事也没发生，自始至终，都是我们自己在吓自己。所有紧张、恐惧的情绪其实全都来自我们自己的想象。

小光刚到深圳打工时，在一家酒吧做服务生。

自从第一天上班，老板便特别提醒小光："我们这一带有一个人，经常来白吃白喝，心情不好的时候，还会把人打得遍体鳞伤，因此，如果你听到别人说他来了，你什么也别想，想尽办法赶快跑就对了。因为这个人实在太蛮横了，连警察都不放在眼里，上一个酒保被他打伤，到现在还躺在医院里。"

某一天深夜，酒吧外面忽然一阵大乱，有人告诉小光说那个经常闹事的人来了。

当时，小光正在上厕所，等到他走出来时，酒吧里的客人、员工早就跑得干干净净，连个影子也见不到了。

这时，只听见"砰"的一声，前门被人踢开了，一个凶神恶煞般的男人大步走进门。他的脸上有一道刀疤，手臂上的刺青一直延伸到后背。

他二话不说，气势汹汹地在吧台前坐了下来，对小光吼道："给我来一杯威士忌。"

小光心想，既然已经来不及逃跑了，不如就试着赔笑脸，尽量讨这个人的欢心，以保全自己吧！于是，他用颤抖的双手，战战兢兢地递给那个男人一杯威士忌。

男人看了小光一眼，一口气把整杯酒饮干，然后重重地把酒杯放下。

看到这一幕，小光的心脏简直快要跳出来了，若不是酒吧里还放着音乐，他的心跳声一定会被人听见。小光勉强鼓起勇气，小声地问道："您……您要不要再来一杯？"

"我没那时间！"男人对着他吼道，"你难道不知道那个喜欢闹事的人就要来了吗？"

不久之后，那个男人就走了，小光这才重重地舒了口气。小光才发现，其实那个人并不可怕，只是人们无形中把恐惧扩大了。

很多时候，人们就像案例中的小光一样，到事情结束后才发现恐惧是自己制造的。对于我们来说，世界是一个宏大的舞台，其中就有很多镁光灯照不到的地方，而我们有的时候就被迫在这些带给我们不安的黑暗中去跳舞，想象着各种危险，有的时候甚至逃避着这一切。

其实这个社会中不仅只有你一个人面临这些焦虑和恐惧，很多人都曾在某个时刻被突如其来的未知恐惧所打垮。

与陌生人的交往就是这么一种典型状况，我们把陌生人想象成很可怕的样子，然后害怕与他们交往。

一份来自美国的研究资料称，约有 40% 的美国人在社交场合感到紧张，那些神采奕奕的政界人士和明星，也有手心出汗、词不达意的时候，还有一些人表面上侃侃而谈、镇定自若，实际上手心早已一把汗。

事实上，我们每个人都需要面对自己的焦虑、紧张情绪，如果你承认并接纳这种紧张情绪，你很快就能抛开它。而那些让紧张情绪影响工作和生活的人，则被心理专家定性为患有社交焦虑症或社交恐惧症，他们的糟糕表现，往往是因为不能承认自己的焦虑和紧张情绪所致。

对某些事物或情景适当地恐惧，可使人们更加小心谨慎，有意识地避开有害、有危险的事物或情景，从而更好地保护自己，避免遭受挫折、失败和意外事故。过度的恐惧则是最消极的一种情绪，并且总是和紧张、焦虑、苦恼相伴，而使人的精神经常处于高度的紧张状态，严重影响一个人的学习、工作、事业和前途。因此它必然损害健康，引起各种心理性疾病，长期的极端恐惧甚至可使人身心衰竭。

为了自己的健康和进步，有恐惧心理的人必须下定决心，鼓足勇气，努力战胜自己的恐惧心理。

现在，请闭上眼睛，什么都不要想，彻底放松，除去一切的紧张，然后让憎恨、愤怒、焦虑、嫉妒、艳羡、悲痛、烦忧、失望等精神中的一切不利因素离你而去，你会感到轻松无比。

直面恐惧才能消除恐惧

恐惧能摧残一个人的意志和生命。它能影响人的胃口，降低人的修养，削弱人的生理与精神的活力，进而破坏人的身体健康；它能打破人的希望，消退人的意志，使人的心力"衰弱"以致不能创造或从事任何事业。

恐惧有时候就像是一道门，实际上你没有必要害怕，那扇门是虚掩着的。一旦你勇于面对恐惧，就会立刻醒悟：自己拥有的能力竟然远远超过原来的想象。

约翰是一个非常平凡的上班族，却在 40 岁那年做出了一个令人惊讶的举动：放弃薪水优厚的办公室工作，并把身上仅有的 3 美元捐给了街角的乞丐，只带了换洗的衣裤，决定从自己的老家——阳光灿烂的加州出发，靠搭便车与陌生人的好心，到达东岸一处叫作"恐怖角"的地方。

他之所以做出这样仓促的决定，完全是因为自己的精神即将崩溃。虽然他有一份好工作、温柔美丽的妻子、善良可敬的亲友，但他发现自己这辈子从来没有下过什么赌注，平顺的人生从没有高峰或低谷。

他觉得自己的前半生在懦弱中虚度了。

他选择"恐怖角"作为最终目的，借以表明他征服生命中所有恐惧的决心。

为了检讨自己的懦弱，他很诚实地为自己的"恐惧"开出一张清单：从小时候开始算起，他就怕保姆、怕邮差、怕鸟、怕猫、怕蛇、怕蝙蝠、怕黑暗、怕大海、怕飞、怕城市、怕荒野、怕热闹又怕孤独、怕失败又怕成功、怕精神崩溃……他无所不怕，唯一"英勇"的一次是他当众向妻子表白求婚。

这个懦弱的40岁男人上路前竟还接到母亲的纸条："你一定会在路上被人杀掉。"但他成功了，4000多里路，78顿餐，仰赖82个陌生人的好心。

身无分文的他从没接受过别人在金钱上的帮助，在暴风骤雨中睡在潮湿的睡袋里，风餐露宿只是小事，他还曾经碰到精神病患者的骚扰，遇到几个怪异诡秘的家庭，甚至还会时不时地觉得有人像杀人狂魔和银行抢劫犯。经历无数的"恐惧"之后，他终于来到"恐怖角"，接到妻子寄给他的提款卡（他看见那个包裹时恨不得跳上柜台拥抱邮局职员）。他不是为了证明金钱无用，只是用这种正常人会觉得"无聊"的艰辛旅程来使自己面对所有恐惧。

"恐怖角"到了，但令人意外的是，"恐怖角"并不恐怖，原来"恐怖角"这个名称，是由一位探险家取的，本来叫"Cape Faire"，被讹写为"Cape Fear"，只是一个失误。

约翰终于明白："这名字的不当，就像我自己的恐惧一样。我现在明白自己一直害怕做错事，我最大的耻辱不是恐惧死亡，而是恐惧生命。"

地位、声望、财富、鲜花……这些美好的东西都是给富于勇气的人准备的。一个被恐惧控制的人是无法成功的，因为他不敢尝试新事物，不敢争取自己渴望的东西，自然也就与成功无缘。胆怯、逃避是毫无用处的，只有直面恐惧，才能战胜它。

　　恐惧心理有很多类型：担心事情发生变化、害怕遭遇未知的难题、因放弃稳定的收入而感到不安。每个人都有自己惧怕的事情或情景，而且不少事物或情景是人们普遍惧怕的，如怕雷电、怕火灾、怕地震、怕生病、怕高考、怕失恋，等等。但是，有的人的恐惧异于正常人，如一般人不怕的事物或情景，他（她）怕；一般人稍微害怕的，他（她）特别怕。这种无缘无故的与事物或情景极不相称、极不合理的异常心理状态，就是恐惧心理。它是一种不健康的心理，严重的就是恐惧症。

　　恐惧心理，就像干扰电波一样，让我们的情绪一直处于非正常值，生活和工作都会因它而有损害，所以我们一定要尽快克服恐惧心理。以下是几种战胜恐惧的方法：

1. 学习科学知识

　　一位心理学家说得好："愚昧是产生恐惧的源泉，知识是医治恐惧的良药。"的确，人们对异常现象的惧怕，大多是由于对恐惧对象缺乏了解和认识引起的。

2. 勇于实践

　　经常主动接触自己所惧怕的对象，在实践中去了解它、认识它、适应它、习惯它，就会逐渐消除对它的恐惧。例如，有的人惧怕登高、惧怕游泳、惧怕猫、惧怕毛毛虫等。害怕异性，可以勇敢地去和异性交流，只要经常多实践、多观察、多锻炼、多接触，就会增长胆识，消除不正常的恐惧感。

3. 转移注意力

把注意力从恐惧对象转移到其他事物上，以减轻或消除内心的恐惧。例如，要克服在众人面前讲话的恐惧心理，除了多实践多锻炼外，每次讲话时把自己的注意力从听众的目光、表情转移到讲话的内容上，再配合"怕什么！"等积极的心理作用，心情就会平静，说话就比较轻松自如了。

直面恐惧，让自己成为一个冒险家，人生便不再黑暗。敢于争取、敢于斗争的人才会给自己争取到成功境界里的一席之地，如果你无法战胜自己的恐惧心理，成功也就永远与你无缘。所以，不要害怕，去勇敢面对荆棘、坎坷，你才会活得有声有色。

不能正确认识已经历或未经历的事

恐惧是大脑的一种非正常状态，它是由个人经历的扭曲或受到伤害引起的。它产生的原因已经为大部分人所遗忘。因为我们不希望承认自己恐惧，这种恐惧感被我们埋在心底，犹如一个毒瘤。

有的学者说："愚笨和不安定产生恐惧，知识和保障却拒绝恐惧。"有的学者进一步指出："知识完全的时候，所有恐惧，将统统消失。"古罗马箴言说："恐惧所以能统治亿万众生，只是因为人们看见大地寰宇，有无数他们不懂其原因的现象。"宋朝理学家程颢、程颐认为："人多恐惧之心，乃是烛理不明。"显然，恐惧产生于惧怕，但惧怕的形成源于无知，源于对已经历或未经历的事的不认识。

恐惧是我们今天面对的最大的挑战之一。恐惧使我们无法充分地展示自我，同时又阻碍着我们爱自己和爱他人。没来由的、荒谬可笑的恐惧会把我们囚禁在无形的监牢里。随着先进的通信技术把世界各地发生的事件送进每个家庭，我们能了解到其他地区的文明，于是，我们对不可知物的恐惧与无知的阴影就会逐渐消失。

夏天的傍晚，有个人独自坐在自家后院，与后院相毗邻的是一片宁静的森林。这人的目的，就是要在大自然的怀抱中放松身心，享受一下黄昏时分的宁静。随着天色渐渐暗下来，他注意到，树林里的风越刮越大了。于是他开始担心，这样的好天气是否还能保持下去。接着，他又听到树林深处传来一些陌生的声音。他甚至猜想，可能有吃人的动物正向他走来。

不一会儿，这个人满脑子都是这种消极的想法，结果变得越来越紧张。这个人越是让怀疑和恐惧的念头进入他的头脑，他就离享受宁静夏夜的目标越远。这个人的体验很好地验证了布赖恩·亚当斯的生活法则："恐惧是无知的影子，若抱有怀疑和恐惧的心理，势必导致失败。"

在忐忑不安的情绪支配下，焦虑会在我们的心中积聚起来，转化为恐惧和惊慌失措，情绪就是这么层层递进的。在这种情况下，我们就不能充分享受生活了。面对可能蒙受的耻辱，我们就会退缩和自暴自弃，不去做创造性的贡献。由于害怕遭到拒绝，我们就不敢去努力争取我们真心想得到的东西。由于害怕失败，我们会拒绝承担责任。由于害怕与他人不一致，我们会放弃自身的个性。因而，消除恐惧心理，是十分必要的。

我们也许听说过这句老话:"你不知道的东西不会伤害你。"其实完全不是这么回事。无知并不是福气,相反,它往往会引起消极负面的情绪。

内心怯懦容易导致失败

有句名言说,失败的人不一定懦弱,而懦弱的人却常常失败。这是因为,懦弱的人害怕有压力的状态,因而他们害怕竞争。在对手或困难面前,他们往往不善于坚持,而选择回避或屈服。

懦弱通常是恐惧的同伴。懦弱带来恐惧,恐惧加强懦弱。它们都束缚了人的心灵和手脚。恐惧的字眼和言语,却常常将我们所恐惧的东西招到身边。

"如果你是懦夫,那你就是自己最大的敌人;如果你是勇士,那你就是自己最好的朋友。"美国最伟大的推销员弗兰克如是说。对于内心胆怯而做事又犹豫不决的人来说,一切都是不可能的,正如采珠的人如果被鲨鱼吓住,怎能得到名贵的珍珠呢?

那些总是担惊受怕的人,得不到真正自由的人生,因为他们总是会被各种各样的恐惧、忧虑包围着,看不到前面的路,更看不到前方的风景。

在波士顿的一个小镇上有一个名叫杰克的青年,他一直向往着大海。一个偶然的机会,他来到了海边,那里正笼罩着浓雾,天气寒冷。他想:这就是我向往已久的大海吗?他的心理落差很大,他想:我再也不喜欢海了。幸亏我没有当一名水手,如果是一名水手,那真是太危险了。

在海岸上，他遇见一个水手，他们交谈起来。

"海并不是经常这样寒冷又有浓雾的，有时，海是明亮而美丽的。但在任何时候，我都爱海。"水手说。

"当一个水手不是很危险吗？"杰克问。

"当一个人热爱他的工作时，他不会想到什么危险。我们家里的每一个人都爱海。"水手说。

"你的父亲现在何处呢？"杰克问。

"他死在海里。"

"你的祖父呢？"

"死在大西洋里。"

"你的哥哥呢？"

"当他在印度的一条河里游泳时，被一条鳄鱼吞食了。"

杰克说，"如果我是你，我就永远也不到海里去。"

水手问道："你愿意告诉我你父亲死在哪儿吗？"

"死在床上。"

"你的祖父呢？"

"也死在床上。"

"这样说来，如果我是你，"水手说，"我就永远也不到床上去。"

如果在海边你就开始惧怕海中的波浪，那么你注定无法体验到海的魅力。

学者马尔登曾说过："人们的不安和多变的心理，是现代生活多发的现象。"他认为，恐惧是人生命情感中难解的症结之一。面对自然界和人类社会，生命的进程从来都不是一帆风顺、平安无事的，总会遭受各种各样、意想不到的挫折、失败和痛苦。当一个人预料将会有某种不良后果产生或受到威胁时，就会产生这种不愉快情绪，并为此紧张不安、忧虑、烦恼、担心、恐惧，程度从轻微的忧虑一直到惊慌失措。

恐惧，就是常常预感着某种不祥之事的来临。这种不祥的预感会笼罩着一个人的生命，像云雾笼罩着爆发之前的火山一样。

世界上没有永远的成功者，也没有永远的失败者。有人畏缩，得到的也会失去；有人勇敢，失去的也会重新得到。只要不断尝试、不断磨砺，我们就一定能战胜恐惧，获得积极正面的情绪。只要告别恐惧，勇敢地朝前走，别人能做到的我们也能做到。畏惧是人生路上一道深深的壕沟，跨过去你就拥有了出路和希望。

勇敢去做让你害怕的事

每个人的内心都或多或少存在着害怕或者恐惧，害怕和恐惧会阻碍个人在生活和事业上取得成功。

害怕具有强大的破坏力，它深藏在你的潜意识当中影响你、束缚你，让你消极地去看待世界。害怕的本质其实是一种内心的恐惧，由于担心被拒绝、被伤害，你的行为就被阻止。而恐惧和自我肯定处于对立的位置，就像跷跷板一样。害怕程度越高，自我肯定程度就越低。采取行动去提升自我肯定程度，或许就会降低让你裹足不前的恐惧。采取行动去降低你的恐惧，或许就会更加自信，从而获得成功。

要摒除害怕的情绪，就要不断鼓励自己要勇敢行动。举例来说，假如你害怕拜访陌生人，克服害怕的方式就是不断面对它直到这种害怕消失为止。这就叫作"系统化地解除敏感"，是建立信心与勇气最好、最有效的方法。就如同美国散文作家、思想家、诗人拉尔夫·瓦尔多·爱默生所说："只要你勇敢去做让你害怕的事情，害怕终将灭亡。"

一位推销员因为经常被客户拒之门外，慢慢患上了"敲门恐惧症"。但是推销是他的工作，他不得不勇敢地去敲门，可是每次看到大门，他的手就颤抖。

迫不得已，他去请教一位推销大师，推销大师在弄清楚他恐惧的原因后，就问他："现在假如你正想拜访某位客户，你已经来到客户家门前了，我先向你提几个问题。"

"好的。"推销员答道。

"请问你现在站在何处？"

"客户家门前。"

"那么你想做什么？"

"进入客户家里，和客户交流。"

"如果你进入客户家里了，出现的最坏情况会是什么呢？"

"被客户拒绝，然后赶出来。"

"赶出来之后呢，你又会站在哪里？"

"又站在了客户的门外。"

在一问一答中，推销员惊喜地发现，原来敲门并不是他想象的那么可怕。在那之后，每当他来到客户门口，他就不再害怕了。他告诉自己，就当作自己的尝试了，如果不成功的话，还可以累积经验。反正最坏的结果就是回到原点，也没什么损失。

最终，这位推销员战胜了"敲门恐惧症"，而且由于突出的推销成绩，他被评为全行业的"优秀推销员"。

不仅在销售领域，在生活中的任何场合、对于任何事情，害怕的唯一原因就是像案例中的推销员最初的心理一样：担心被拒绝。由于对被拒绝的恐惧，心里就会产生很大的压力，会极不愿意去做某件事，这时别停止不前，勇敢地敲开面前的那扇门。

勇气往往能给人带来意外的机会，无论是处在逆境或者顺境，勇气都能给你带去力量和指引。在面对各种挑战时，也许失败并不是因为自己智力低下，不是因为缺乏全局观念，也不是因为思维逻辑的问题，而仅仅是因为把困难看得太清楚、分析得太透彻、考虑得太详尽，才会被困难吓倒，举步维艰，因而缺乏勇往直前的力量。

一个人缺乏勇气，就容易陷入不安、胆怯、忧虑、嫉妒、愤怒情绪的旋涡中，结果事事不顺。其实，恐惧无非是自己吓唬自己。世界上并没有什么真正让人恐惧的事情，恐惧只是人们心中的一种无形障碍罢了。摆脱害怕的心态，勇气是最好的解药。

勇气可以给人很多前进和成功的动力，也能帮助人冷静和自省。《勇气的力量》一书的作者认为，"勇气需要培植和坚守，真正的勇气是能够让心灵始终与正义通行"。也唯有如此，我们才能保持生命的力量，勇敢迈向未来。

第三章

不可抑制的气愤脱缰——愤怒爆发

杀人不见血的"气"

世间万事，危害健康最甚者，莫过于愤怒。诸如：咆哮如雷的"怒气"、暗自忧伤的"闷气"、牢骚满腹的"怨气"、有口难辩的"冤枉气"等。"气"与人体健康关系密切。若"心不爽，气不顺"，必将破坏机体平衡，导致各部分器官功能紊乱，从而诱发各种疾病。所以《内经》就明确指出："百病生于气矣。"

美国生理学家爱尔马为了研究情绪状态对人体健康的影响，设计了一个很简单的实验：把一支玻璃试管插在装有冰水混合物的容器里，然后收集人们在不同情绪状态下的"气水"。研究发现：当一个人心平气和时，他呼吸时水是澄清透明无杂的；悲痛时水中有白色沉淀；悔恨时有乳白色沉淀；生气时有紫色沉淀。爱尔马把人在生气时呼出的"气水"注射到大白鼠身上，12分钟后，大白鼠竟死了。由此爱尔马分析认为："人生气时的生理反应十分强烈，分泌物比任何情绪时都复杂，都更具有毒性。因此容易生气的人很难健康，更难长寿。"

震惊于实验结果的同时，我们更要清楚，我们每个人面对生活中的各种困惑、烦忧时，都应该学会宽容、学会理解、学会忍让，避免愤怒，牢记"气大伤身"，用宁静博爱的心态，对待世事是非，烦恼自会远离。哲人说：生气，其实就是拿别人的错来惩罚自己。

不错，何必为别人背沉重的情绪包袱？何必为别人犯下的错误承担责任？其实，人只要肯换个想法，调整一下态度，或者转移一下视角，就能让自己有一个新的心境。只要我们肯稍做改变，就能抛开坏心情，迎接新的处境。

我们不能让自己的情绪控制自己，我们必须学习"转念""少点积怨，多点包容""多洒香水，少吐苦水"，让愤怒情绪远离，而用乐观的思绪来迎接人生。

控制自己的愤怒的确是件非常不容易的事情，因为我们每个人的心中永远存在着理智与情感的斗争。如同所有的习惯一样，控制冲动也是一种经过训练而得到的能力。要具备这种能力，有两个基本方法：第一，你必须不断地分析你的行动可能带来的后果；第二，你必须让自己为了获得最大的利益而行动。

从前，有一名叫爱地巴的人，每次生气和人起争执的时候，就以很快的速度跑回家去，绕着自己的房子和土地跑三圈，然后坐在田地边喘气。

爱地巴工作非常勤劳努力，他的房子越来越大，土地也越来越广，但不管房地有多大多广，只要与人吵架生气，他还是会绕着房子和土地绕三圈。

爱地巴为何每次生气都绕着房子和土地绕三圈？所有认识他的人，心里都很疑惑，但是不管怎么问，爱地巴都不愿意说明。

直到有一天，爱地巴很老了，他的房地也已经非常广大了。有一次他生气，拄着拐杖艰难地绕着土地和房子走，等他好不容易走完三圈，太阳都下山了，爱地巴独自坐在田边喘气。

他的孙子在身边恳求他："阿公，您已经这么大年纪了，这附近的人也没有谁的土地比您更广大，您不能再像从前那样，一生气就绕着土地跑了！您可不可以告诉我这个秘密，为什么您一生气就要绕着土地跑三圈？"

爱地巴禁不起孙子恳求，终于说出隐藏在心中多年的秘密。

他说："年轻时，我一旦和人吵架、争论、生气，就绕着房地跑三圈，边跑边想，我的房子这么小，土地这么小，我哪有时间，哪有资格去跟人家生气。一想到这里，气就消了，于是就把所有时间用来努力工作。"

孙子问："阿公，你年纪大了，又变成最富有的人，为什么还要绕着房地走三圈？"

爱地巴笑着说："我现在还是会生气，生气时绕着房地走三圈，边走边想，我的房子这么大，土地这么多，我又何必跟人计较？一想到这儿，气就消了。"

现实生活中，我们要像爱地巴那样进行自我心理调整，用平易温和的方式，使自己能够在此情绪中抚慰自己。在愤怒的时候，安抚自己的内心远比找其他的人发泄来得高明。不生气难做到，但并不意味着没有解决的办法。

在不幸面前，应保持冷静的思考和稳定的情绪，遇事冷静，客观地做出分析和判断。

要多方面培养自己的兴趣与爱好，如书法、绘画、集邮、养花、下棋、听音乐、跳舞、打太极拳等，可以修身养性、陶冶情操。

要有自知之明，遇事要尽力而为，适可而止，不要好胜逞能而去做力所不能及的事。不要过于计较个人的得失，不要常为一些鸡毛蒜皮的事发火，愤怒要克制，怨恨要消除。保持和睦的家庭生活和良好的人际关系、邻里关系，这样在遇到问题时可以得到各方面的支持。

一个拥有平和心态的人，在各方面都会顺其自然，不必在意太多，并总能找到排解愤怒的渠道。

总为无谓的小事抓狂

在生活中，经常动怒生气的人气量狭隘，不讨人喜欢，而"泰山崩于前而色不变"的人则备受人们喜爱。事实上，多数让我们产生急躁情绪进而发怒的事情只是一些不足挂齿的小事。

古时有一个妇人，特别喜欢为一些琐碎的小事生气。她知道这样不好，便去求一位智者帮助自己。

智者听了她的讲述后，就一言不发地把她领到一个房间中，继而落锁而去。

妇人气得跳脚大骂。骂了许久，智者也不理会。妇人又开始哀求，智者仍置若罔闻。妇人终于沉默了。智者来到门外，问她："你还生气吗？"

妇人说："我只为我自己生气，我怎么会到这地方来受这份儿罪。"

"连自己都不原谅的人怎么能心如止水？"智者拂袖而去。过了一会儿，智者又问她："还生气吗？"

"不生气了。"妇人说。

"为什么？"

"气也没有办法呀。"

"你的气并未消逝，还压在心里，爆发后将会更加剧烈。"智者又离开了。

当智者第三次来到门前时，妇人告诉他："我不生气了，因为这完全不值得气。"

"还知道值不值得，可见心中还是有所衡量的，还是有气根。"智者笑道。

当智者的身影迎着夕阳立在门外时，妇人问智者："先生，什么是气？"

智者将手中的茶水倾洒于地。妇人视之良久，顿悟，叩谢而去。

何苦要气？气便是别人吐出而你却接到口里的那种东西，你吞下便会反胃，你不看它时，它便会消散。气是用别人的过错来惩罚自己的蠢行。

但生活中，人们往往容易为一点小事而使情绪失控，继而发怒，也正因为这样，往往会因小失大。

有一场举世瞩目的赛事，台球世界冠军已走到卫冕的门口。他只要把最后那个8号球打进球门，凯歌就奏响了。就在这时，不知从什么地方飞来一只苍蝇。苍蝇第一次落在握杆的手臂上。有些痒，冠军停下来。苍蝇飞走了，这回竟飞落在了冠军锁着的眉头上。冠军只好不情愿地停了下来，极其烦躁地去打那只苍蝇。而苍蝇又轻捷地脱逃了。

冠军做了一番深呼吸再次准备击球。天啊！他发现那只苍蝇又回来了，像个幽灵似的落在了8号球上。冠军怒不可遏，拿起球杆对着苍蝇击去。苍蝇受到惊吓飞走了，可球杆触动了8号球，8号球当然也没有进洞。按照比赛规则，该轮到对手击球了。对手抓住机会死里逃生，一口气把自己该打的球全打进了。

卫冕失败，冠军简直恨死了那只苍蝇。在观众的喧哗声中，冠军不堪重负，不久就结束了自己年轻的生命。临终时，他对那只苍蝇还耿耿于怀。

一只苍蝇和一个冠军的命运连在一起，也许是偶然的。倘若冠军能制怒，并静待那只苍蝇飞走，故事的结局或许可以重写。人们如果不能及时消除自己的愤怒情绪，必然也会被生活中的种种琐事困扰，为无谓的小事抓狂，甚至造成生命中的悲剧。

心智成熟的人必定能控制住自己的愤怒情绪与行为。当你在镜子前仔细地审思自己时，会发现自己既是你最好的朋友，也是你最大的敌人。

当你生气时，你要问自己：一年后生气的理由是否还那么重要？这会使你对许多事情得出正确的看法。

主动抑制愤怒情绪

也许有人会问，为什么我们现在的人常常要发怒，而古人却不像我们这样？花几分钟时间，让我们好好思考一下其中的原因。

现在，愤怒似乎成了现代人的一种通病。

现代人的生活节奏比以往任何时期都快，于是形成了一种张力，好像小提琴上的琴弦不断拉紧以致最后断裂。预期的目标未能实现——不管是生活中的琐事，学校里的成绩排名，还是工作中的种种不如意，所有这些及其他诸如此类的烦恼引起失望，一旦它得不到解脱，就会产生愤怒。

我们把日程表安排得愈来愈满，直到有一天生气之后才问自己："我怎么发这么大的脾气？"这很简单——你在短短的时间内要做的事情太多了，但你没有做好，事情出了点意外，于是你觉得懊恼，并因此而感到惭愧，因为你肯定"有修养的人"是不发怒的，而你却动怒了，你就因此而讨厌自己了。

愤怒是一种不良和有害的情绪。一个人经常发火，不仅会影响与朋友或同事之间的团结，影响工作，还容易把矛盾激化，无助于问题的解决。对此，你可以试试下面的方法，在愤怒处于萌芽状态就控制住它。

1. 容忍克制

俗话说："壶小易热，量小易怒。"动辄发脾气、动肝火是胸襟狭窄、气量狭小的表现。有一位心理学家忠告："气量大一点吧，如果我们每件事情都要计较，就无法在这大千世界里生活下去。"要做到克制怒气，就必须有很高的修养，有修养的人才是有克制力的人。一个胸怀坦荡的人，是绝不会为一些区区小事而随意发火的，即使遇到不顺心的事或受到不公正的待遇时，也能做到心平气和地讲道理，心态和平地解决矛盾和问题。

2. 保持沉默

有一位智者曾经这样说过："沉默是最安全的防御战略。"当意识到自己要发火时，最好的办法是约束自己的舌头，采取沉默的方式，这样会有助于冷静头脑，让沉默成为一种保持身心平衡、抑制精神亢奋的灵丹妙药，不借外力而能化解怒气。

3. 及时回避

面对生活中可能刺激我们生气的人物和环境时，只要条件允许，不妨采取"三十六计，走为上计"。这样，眼不见，心不烦，火气就消了一半。

4. 自我提醒

快要发火时，只要自己还能自我控制，就要试着用意识驾驭自己的情感，警告自己："我这时一定不能发火，否则会影响团结，把事情搞砸。"心中默念："不要发火，息怒、息怒。"这样坚持下去，就会收到一定的效果。

5. 转移注意力

根据一项心理学研究，在受到令人发火的刺激时，大脑会产生强烈的兴奋灶，这时如果有意识地在大脑皮质里建立另外一个兴奋灶，用它去取代、抵消或削弱引起发火的兴奋灶，就会使火气逐渐缓解和平息。

其实，做到不生气并不难。心理医学研究表明，一个人心情舒畅、精神愉快，中枢神经系统就处于最佳功能状态，这时内脏及内分泌活动在中枢神经系统调节下保持平衡，从而整个机体保持协调，充满活力，身体自然健康。

总之，生活中愤怒的情绪难以完全避免，但只要理智地对待，学会掌握各种制怒的方法，愤怒伤身的事是可以减少的。

愤怒是灵魂在折磨自身

人经常不能控制自己的怒气，为了生活中大大小小的事情勃然大怒或者愤愤不平。愤怒是由对客观现实某些方面不满而生成，比如，遭到失败、遇到不平、个人自由受限制、言论遭人反对、无端受人侮辱、隐私被人揭穿、上当受骗等多种情形下人都会产生愤怒情绪。表面看起来这是由于自己的利益受到侵害或者被人攻击和排斥而激发的自尊行为，其实，用愤怒的情绪困扰灵魂，乃是一种自我伤害。

对身体健康的伤害只是其中一个方面，愤怒对于灵魂的摧残尤为严重。由灵魂而生的愤怒情绪，又回过头来伤害灵魂本身，让灵魂变得躁动不安，失去原有的宁静和提升自己的精力和时间，这是灵魂的一种自戕。

皮索恩是古代一个品德高尚、受人尊敬的军事领袖。一次，一个士兵侦察回来，没能说清楚跟他一起去的另一个士兵的下落。皮索恩愤怒极了，当即决定处死这个士兵。就在这个士兵被带到绞刑架前时，失踪的士兵回来了。但结果出人意料：领袖由于羞愧更加暴怒，连失踪的士兵一起处死了。

在这位军事领袖的身上，令人遗憾和痛心地表现出了愤怒摧毁理智的现象。而理智正是灵魂的高贵所在，如果人们任由灵魂自我伤害而不进行干预，这种无动于衷该是多么的悲哀。

正如思想家蒲柏所说："愤怒是由于别人的过错而惩罚自己。"文学家托尔斯泰也说："愤怒对别人有害，但愤怒时受害最深者乃是本人。"

我们愤怒于别人的言行，让愤怒占据了大部分的灵魂空间，灵魂负载着重担，再无法关照自身，更不能得到任何形式的提升，反而在愤怒情绪的支配下更加容易丧失理智，让自己远离高贵，变得蒙昧和愚蠢。

结果，导致我们愤怒的人依然如故，他们继续做着错的事，享受着愉悦的心情；结果，因为愤怒，我们无法专注于眼前的工作，没能很好地履行自己的职责；结果，我们只顾愤怒，而无暇体验生命中存在的美和善。

折磨我们的是自己的愤怒情绪，而非别人的一些令人愤怒的行为。我们完全能够做到控制自己的愤怒情绪，避免让灵魂受到伤害。

有一位智者曾在山中生活30年之久，他平静淡泊，兴趣高雅，喜爱花草树木，尤其喜爱兰花。他的家中前庭后院栽满了各种各样的兰花，这些兰花来自四面八方，全是年复一年地积聚所得。大家都说，兰花就是高人的命根子。

有一天高人有事要下山去，临行前当然忘不了嘱托弟子照看他的兰花。弟子也乐得其事，上午他一盆一盆地认认真真浇水，等到最后轮到那盆兰花中的珍品——君子兰了，弟子更加小心翼翼了，这可是师父的最爱啊！他忙了一上午有些累了，越是小心翼翼，手就越不听使唤，水壶滑下来砸在了花盆上，连花盆架也碰倒了，整盆兰花都摔在了地上。这回可把弟子给吓坏了，愣在那里不知该怎么办才好，心想：师父回来看到这番景象，肯定会大发雷霆！他越想越害怕。

下午师父回来了，他知道了这件事后一点儿也没生气，而是平心静气地对弟子说了一句话："我并不是为了生气才种兰花的。"

弟子听了这句话，不仅放心了，也明白了。

不管经历任何事情，我们都要制怒，在脉搏加快跳动之前，凭借理智的力量平静自己。

想一想，如果惹你生气发怒的人犯了错误，是由于某种他们不可控的原因，我们为什么还要愤怒呢？

如果不是这样，那么他们犯错一定是由于善恶观的错误。看到了这一点，说明在善恶观的问题上，我们的灵魂比他们高贵，比他们更理性，更能辨明是非黑白。对于他们，我们只有怜悯，不应有一丝愤怒。

对于犯了错误的人，尽己所能平静地劝诫他们，没有必要生气，心平气和地向他们展示他们的错误，然后继续做你该做的事，完成自己的职责。

愤怒不能随心所欲

梁实秋说过："血气沸腾之际，理智不太清醒，言行容易逾分，于人于己都不宜。"富兰克林也曾说过："以愤怒开始，以羞愧告终。"《圣经》里也说："可以激动，但不可犯罪。可以愤怒，但不可含愤终日。"这就告诉我们要把握愤怒的度，愤怒要有底线，不可无顾忌地发怒，否则于人于己都不利。

我们都知道，愤怒往往是由于自己受到比较大的伤害，或者原本希望用理性的方式表达愿望，但在失望之后，才不得已采取了愤怒的方式。当然，社会允许你在一定范围内发泄情绪，也就是说愤怒是有底线的，因为极端的愤怒不是伤人就是伤己，有时还会造成两败俱伤的局面。它还会干扰人际关系，影响个人的思维判断，造成不可控制的后果。因而，正确理解愤怒的限度，才有可能把愤怒的苗头消灭在萌芽状态。特别是在愤怒发生时，正确地引导从而消解愤怒，解决矛盾，这才是最重要的。

伊凡四世是俄国的第一任沙皇，因为其残酷的执政手段，被后人称为"恐怖的伊凡"，他同样将这种恐怖的手段施于平民。

在他用军队征服了诺夫哥罗德市之后，诺夫哥罗德的居民因留恋自己独立开放的文明，仍习惯性地与立陶宛人、瑞典人进行贸易。尤其是在城市被侵占之后，这里的居民反抗、逃亡和袭击禁卫军的事件屡屡发生。伊凡四世知道这个小城市的居民袭击自己的军队之后，异常愤怒。他将其视为挑衅，并不停地咒骂，而且发布讨伐的命令。

他亲率禁卫军和 1500 名特种常备军弓箭手，于 1570 年 1 月 2 日来到诺夫哥罗德城下。他命令士兵们在城市周围筑起栅栏，防止有人逃跑。教堂上锁，任何人不准入内避难。

之后在伊凡四世所在的广场，每天，大约有 1000 位市民，包括贵族、商人或普通百姓，被带到伊凡四世面前，不听取其任何的辩护，不管这些人有罪没罪，只要是诺夫哥罗德城的人就对其用刑。鞭打、裂肢、割舌头等各种残酷的刑法他都用尽了。很多居民还被扔入冰冷的水里，浮出水面的人，伊凡四世就命令士兵用长矛将其活活地刺死。这场恐怖的屠杀共持续了 5 个星期，诺夫哥罗德城大概有两万多人被屠杀。这场残酷的屠杀在历史上是非常罕见的，也是令人发指和痛斥的。

伊凡四世的残暴不仁，是因为他手中有可怕的权力，这是一个比较极端的例子，但是也能说明不受控制、没有底线的愤怒，就像愈烧愈烈的火焰一样，直到把身边的一切都烧毁。我们手中没有至高无上的权力，所以我们的愤怒不会大面积燃烧。但是，没有底线的愤怒还是会对我们身边的人造成伤害。

在愤怒的时候，人们往往容易冲动，大脑失去了理智的控制，造成不堪想象的后果。人们也常常用极端的方式来发泄自己的愤怒，以父母批评孩子为例，因为孩子的成绩不好或者表现不佳，父母有时对孩子大打出手，结果孩子不仅身体觉得疼痛，心理上也会受到伤害，他们可能会仇视父母，而且心理上还可能会埋藏下阴影，对其未来的发展非常不利。

因而，在"愤怒"的时候，要善于将愤怒的"冲动"变成"理性"的思考。当遇到不平的事情之后，可以愤怒，但是不能表现得太过激烈。激愤的时候要懂得控制自己的情绪，避免出现丑态，更不能恶语伤人，甚至出现暴力等过激行为。由于情绪失控而做出伤害别人的事情，日后要想弥补就很困难了。

愤怒还可以用理智予以控制，对一些不开心的小事，与其憋在心里，让自己生闷气，不如把它抛在脑后，以保持心境的平静。确立了这种意识，就可以逐步实现控制愤怒情绪的目标，并且能够提高自己的忍耐力和毅力。

战胜冲动这个魔鬼

人们经常会因为一些事情陷入愤怒的情绪之中，愤怒其实是一种冲动。这种冲动是最无力的情绪，也是最具破坏性的情绪。许多人都会在情绪冲动时做出使自己后悔不已的事情来。培根说："冲动就像地雷，碰到任何东西都一同毁灭。"每个人都有冲动的时克制，尽管它是一种很难控制的情绪，但不管怎样，一定要努力去克制。如果不注意培养自己冷静平和的性情，一旦碰到不如意的事情就暴跳如雷，情绪失控，就会让自己陷入自我戕害的图圄之中。

南南的爸爸妈妈大吵了一架，起因是妈妈放在自己外套里的300元钱不见了，妈妈认定是爸爸拿的，但爸爸却不承认。下班后，爸爸直接去保姆家接南南，保姆一边帮南南穿衣服，一边说："昨天我给南南洗衣服，从她口袋里找出300元钱，都被我洗湿了，晾在……"没等保姆把话说完，爸爸立刻就把南南拽了过去，狠狠打了她两个耳光，南南的嘴角立刻流血了。"你竟敢偷钱！害得我和你妈妈大吵了一架，这样坏的孩子不要算了！"他丢下南南掉头就走了。南南根本不知道发生了什么事，只觉得脸很痛就哭了起来。保姆对南南妈妈说："你家先生也太急躁了，不等我把话说完就打孩子，这么小的孩子怎么可能偷钱啊！300元钱对她来说就是张花纸。一定是她拿着玩儿时顺手放到口袋里的。"南南被妈妈抱回家后，总是不停地哭闹，妈妈只好带她去医院做检查。

检查结果让夫妻俩完全惊呆了：孩子的左耳完全失去听力，右耳只有一点儿听力，将来得戴助听器生活。由于失去听力，孩子的平衡感会很差，同时她的语言表达能力也将受到严重影响。

南南爸爸痛不欲生，他一时冲动打出的两个巴掌竟毁了女儿的一生，他永远也无法原谅自己，并将终生背负对女儿的亏欠。

愚蠢的行为大多是在冲动之下产生的。每个父亲都是爱自己的孩子的，南南的爸爸也一定希望女儿有一个美好的未来，但愤怒的冲动却使他亲手毁了这一切。

在遇到与自己的主观意向发生冲突的事情时，若能冷静地想一想，不仓促行事，也就不会有冲动和愤怒，更不会在事后懊悔了。

因交通拥堵在应聘面试时迟到；在超市付款时，一个顾客推着装得满满的购物车插队到自己的前边；为了一个至关重要的项目辛苦了几个月，懒散的同事却得到了提升，等等。遇到这样的事情会让你冲动发怒吗？在你拍案而起或爆发前，深吸一口气，然后提醒自己：冲动是魔鬼。

当冲动发生，愤怒不可避免时，这样的人有何种表现呢？人所共知，他们鼻孔鼓鼓的，脸涨得红红的，拳头握得紧紧的。但这时他们的身体里产生了什么样的变化呢？他们血液里的肾上腺素、去甲肾上腺素和葡萄糖增多，产生所谓的生物化学紧张、脉搏加快的现象。每分钟流经心脏的血液猛增，对氧气的需求也增加。经常这样，易导致高血压、动脉粥样硬化、偏头痛、多尿症……

为了排解愤怒的冲动，古罗马人手里总是拿着特别的樽（古代饮器），气愤时能随时把它打碎。日本人在事务所里放一个上司的泥塑，供下属下班后敲打发泄。如果没有多余的餐具，也没有泥塑，可以通过其他途径出气。

另外，我们还可以换一种思路，果敢地告诉自己，生气是拿别人的过错惩罚自己。

当你怒火中烧的时候，一定要克制冲动的情绪。当你被愤怒控制，处于激动之中时，会做出许多傻事。遇到这种情况，就要清醒地告诉自己：冲动是魔鬼。

不会生气的人是笨蛋，不去生气的人才是聪明人。情绪是理智的大敌，一个人，特别是易怒的人，必须学会控制自己的情绪，做个不冲动、不生气的聪明人。

第四章

见不得别人比自己好——嫉妒爆发

心胸狭隘让你"情非得已"

有的人因为别人比自己的业绩突出，于是耿耿于怀，甚至设计圈套陷害别人；有的人因为别人穿的衣服比自己漂亮，就眼红心热，不惜违心去讽刺别人；还有的人甚至因为别人受到老板的一句表扬，而心生不满，在背后肆意传播这个人的谣言……这些现象在我们的生活中还是比较常见的。这些都是由于心胸狭隘而产生的嫉妒情绪，然后做出可能连自己都想不到的恶劣行径。

有一位名叫卡莱尔的书店经理，无意中发现了店员写的一封对他极尽辱骂讽刺的信，说他是个能力很差的经理，希望副经理能马上接替他的职务。卡莱尔读了这封信以后，就带着信跑到老板的办公室。他对老板说："我虽然是一个没有才能的经理，但我居然能用到这样的一位副经理，连我雇佣的店员们都认为他胜过我了，我对此感到非常自豪。"卡莱尔一点儿也没有嫉妒，没有感到自己的虚荣心受到损害，只是为自己雇用了那样能干的副经理而感到自豪。后来，他的老板不但没有撤换他，反而更重用他了。

案例中，如果书店经理对被别人认为能力胜过自己的副经理心怀嫉妒，结果可能就大不一样了。狭隘是心灵的地狱，心灵狭隘的人总是拿别人的优点来折磨自己，在他们40岁的脸上就写满50岁的沧桑。

心灵狭隘不但会破坏友谊、损害团结，还会给他人带来各种负面情绪，既贻害自己的心灵，又殃及自己的身体健康。心胸狭隘是一种不健康的嫉妒情绪。在嫉妒情绪的影响下，人的身心健康就会受到损害。狭隘的人内心经常充满了失望、懊恼、悲愤、痛苦和抑郁，有的人甚至陷入绝望之中，难以自拔。因此，要健康，要成就事业，必须学会宽容大度。南宋长寿诗人陆游曰："长生岂有巧？要令方寸虚。""宰相肚里能撑船"，做事要有雅量，做人又何尝不是如此？保健也好，养生也好，关键就是"养气""扩量"，即修炼一种"海纳百川"之"宰相度量"。

那么，怎样才能克服气量狭隘的毛病呢？

1. 拓宽心胸

要想改掉自己心胸狭隘的毛病，首先要加强个人的品德修养，破私立公，遇到有关个人得失荣辱之事时，经常想到国家、集体和他人，经常想到自己的目标和事业，这样就会感到用不着计较这些闲言碎语，也没有什么想不开的事情了。

2. 充实知识

人的气量与人的知识修养有着密切的关系。一个人知识多了，立足点就会提高，眼界也会相应开阔一些，此时，就会对一些"身外之物"拿得起、放得下、丢得开，就会"大肚能容，容天下能容之物"。当然，满腹经纶、气量狭隘的人也很多，但这并不意味着知识有害于修养，而只能说明我们应当言行一致。培根说："读书使人明智。"经常读一些心理卫生学方面的书籍，对于开阔自己的胸怀有很大益处。

3. 缩小"自我"

你一定要不断提醒自己，在生活中不要期望过高，要降低你的期望。如果你不降低期望，以使期望和现实达到平衡，那么你就会产生很多抱怨，让事情变得更糟。

许多人的人生之路越走越窄，这和自己狭隘的心态具有直接的联系。狭隘，生命不能承受之重。狭隘，只会让我们步入情绪的深谷。心胸开阔，天地自然宽广。告别狭隘心理，以宽广的心量去接纳生活中的一切不如意，这样我们会看到更多亮丽的风景。

极度自卑导致妒火中烧

嫉妒，从某种意义上来说，是一种自卑。一个自信的人，绝不会嫉妒别人比自己优秀；相反，自卑的人往往容易产生嫉妒，因为他总在否定自己，怀疑自己不如别人。

从本质上说，嫉妒是看到与自己有相同目标和志向的人取得成就而产生一种不恰当的不适应感，是一种承认自己被别人挫败后的反应。由于羡慕较高水平的生活，一心想得到较高的社会地位，或者想获得较贵重的东西，然而自己没得到别人却得到了，因此内心觉得不平衡。

莎士比亚著名剧作《奥赛罗》中的主人公，正是由于内心有着很强的自卑情结，致使其听信谗言，误杀爱妻，最后悔不当初，自寻短见。

自卑和嫉妒好比一对孪生兄弟，因为觉得比不上他人，所以产生自卑，可又不愿意承认别人比自己好，嫉妒心理由此就产生了。然而，嫉妒并不等同于自卑，它比自卑更为恐怖，它可以使一个人迷失心智。它像一条蛀虫，既蛀蚀自己，也毁坏他人，危害远远超过自卑。

当然，人们之所以嫉妒，无非是想让自己变得更好。既然如此，当看到自己与别人的差距时，就应该奋勇向前，而不是看着别人眼红而妒火中烧。"箭欲长而不在于折他人之箭"，要想超过强于自己的人，不能靠毁灭、扼杀他人，而应该努力提高自身的价值与素养。

嫉妒心是破坏乐观情绪的罪魁祸首，也是将自己和别人的关系带入深渊的魔鬼。因为嫉妒心重的人常自寻烦恼。嫉妒心是幸运和幸福的敌人。对于别人取得的成绩，平静地看待，真诚地祝福，这才是拥有幸福人生的秘诀。

虚荣心如何引发嫉妒

　　虚荣心是最易滋生嫉妒情绪的温床。关于虚荣心，《辞海》有云：表面上的荣耀、虚假的荣誉。心理学认为，虚荣心是自尊心的过分表现，是为了取得荣誉和引起普遍注意而表现出来的一种不正常的社会情感。人人都有自尊心，当自尊心受到损害或威胁，或过分自尊时，就可能产生虚荣心。

　　虚荣心会慢慢地膨胀，好像一只被吹起来的气球，越吹越大，对别人的羡慕渐渐变成了嫉妒。生命的虚荣心是无限的，俗话说做了皇帝还想成仙。满足了一个愿望，随之又产生了两三个愿望。满足了这个细小的愿望，很快又新生了那些庞大的愿望。由此可见，虚荣心具有一种强烈的渴求的力量，并且在与他人的比较中渴求越来越明显。求而得之，则满足快乐；求而不得，便寻求新的途径来排解嫉妒，如较为极端的报复等。

　　虚荣心最大的后遗症之一是促使一个人失去免于恐惧、免于生活匮乏的自由；因为害怕被羞辱，所以时时活在恐惧中，经常没有安全感，不满足。而虚荣心强的人，与其说是为了脱颖而出，鹤立鸡群，不如说是自以为出类拔萃，所以不惜玩弄欺骗、诡诈的手段，使虚荣心得到最大的满足。

　　从近处看，虚荣仿佛是一种聪明；从长远看，虚荣实际是一种愚蠢。虚荣者常有小狡黠，却缺乏大智慧。虚荣的人不一定不够机敏，却一定缺远见。虚荣的女人是金钱的俘虏，虚荣的男人是权力的俘虏。太强的虚荣心，使男人变得虚伪，使女人变得堕落。

　　几十年前，林语堂先生在《吾国吾民》中认为，统治中国人的三女神是"面子、命运和恩典"。"讲面子"是中国社会普遍存在的一种民族心理，面子观念反映了中国人对于尊重与自尊的情感和需要，丢面子就意味着否定自己的才能，这是万万不能接受的。于是，有些人为了不丢面子，就通过"打肿脸充胖子"的方式来显示自我。

那么，如何及时对自己的虚荣心进行积极的调适呢？

1. 在生活中要掌握好攀比的尺度

比较是人们常有的社会心理，但要掌握好攀比的方向、范围与程度。从方向上讲，要多立足于社会价值而不是个人价值的比较，如，比一比个人在学校和单位的地位、作用与贡献，而不是只看到个人工资收入、待遇的高低；从范围上讲，要立足于健康的而不是病态的比较，要比成绩、比干劲、比投入，而不是贪图虚名、嫉妒他人、表现自己。

2. 重视榜样的力量

从名人传记、名人名言中，从现实生活中，寻找榜样，努力完善人格，做一个"实事求是、不自以为是"的人。

3. 做自己，不要受制于别人的评价

只有自信和自强的人，才不会被虚荣心所驱使，才能成为一个高尚的人。不要在意别人的议论，别人说你个子矮，你没必要非要穿增高鞋掩饰自己；别人说你穿着寒酸，你也不必非要用名牌把自己包装起来。要相信自己总有优点，不必为别人的议论扰乱自己的心情，掉进虚荣的陷阱里。

爱默生告诉人们"生活不是攀比，幸福源自珍惜"这一朴素而深刻的道理。嫉妒是一种潜藏于内心的阴暗心理，是人们普遍存在着的人性弱点，有时嫉妒心理还会带来自身的毁灭。在日常工作中，

虚荣心越强，嫉妒心便越重，在这种不健康的情绪状态的影响下，人的身心健康会受到损害。因此，少一分虚荣心，少一点嫉妒，生活会变得更加美好。

缺失正确的竞争心理

嫉妒是由于别人胜过自己而引起情绪的负性体验，是心胸狭窄的共同心理。哲学家黑格尔说过："嫉妒乃平庸的情调对于卓越才能的反感。"

如果一个人缺乏正确的竞争心理，只关心别人的成绩，同时内心产生严重的怨恨，嫉妒他人，时间一久，心中的压抑聚集，就会形成问题心理，对健康也会造成极大的伤害。

嫉妒造成了很多无法挽回的惨剧。有这样一个真实的故事：

对信阳市某高级中学三年级 1 班 409 寝室的女生而言，2003 年 1 月 21 日那个凌晨，无疑是一场噩梦。一声惨叫打破了黑夜的宁静，一名女生被人泼硫酸毁容。实际上当晚是因为同班同学马某嫉妒同学晶晶比较聪明，学习成绩又比马某好，马上又有一轮考试，为了耽搁晶晶的时间，影响她的学习，于是马某选择了泼硫酸的方式，但没想到却泼错了人。由于导致受害者严重残疾和晶晶轻微受伤，法院判处马某死刑，剥夺政治权利终身。

可见，嫉妒心比一切毒瘤都可怕，产生的后果也不堪设想。

嫉妒不是天生的，而是后天获得的。嫉妒有三个心理活动阶段：嫉羡—嫉优—嫉恨。这三个阶段都有嫉妒的成分，而且是从少到多。嫉羡中羡慕为主，嫉妒为辅；嫉优中嫉妒的成分增多，已经到了怕别人会威胁自己利益的地步了；嫉恨则把嫉妒之火熊熊燃烧到了难以扑灭的地步。这把嫉恨之火，没有燃向别人，而是炙烤着自己的心，使自己没有片刻宁静，于是便想方设法诋毁别人，从而使自己形神两亏。嫉妒实质上是用别人的成绩进行自我折磨，别人并不因此有何逊色，自己却因此痛苦不堪。

当我们还是孩子时，就会对父母表现出的对其他兄弟姐妹的偏心而心生不快，我们会因他们比自己多吃了一口蛋糕或新穿了一件衣服而生气甚至哭闹。我们和兄弟姐妹就是一种最初级的竞争关系，当我们处于劣势时，嫉妒情绪也就产生了。虽然嫉妒是人普遍存在的，也可以说是天生的缺点，但我们绝不可因此而忽视它的危害性，特别是当嫉妒已经发展到严重的地步时，内心产生的怨恨越积越多，时间久了会形成心理问题。

一些人之所以嫉妒别人，并不是因为受到不公平的待遇，而是自己不求上进，又怕别人超过自己，似乎别人成功了就意味着自己失败了，最好大家都变成矮子才能显出自己的高大。于是，"事修而谤兴，德高而毁来""怠者不能修，而忌者畏人修""我不学好，你也别学好，我当穷光蛋，你也得喝凉水"。这是一种十分有害的腐蚀剂，这些人的骨子里充满了"怠"与"忌"，无论对己、对社会、对国家的发展都是十分有害的。正如荀子所说："士有妒友，则贤交不亲；君有妒臣，则贤人不至。"一个被嫉妒心支配的人，一定是胸无大志、目光短浅、不求上进的人；一个嫉妒成风的单位，一定是正气不旺、邪气盛行、人心涣散的单位。

我们必须学会自我调适，把嫉妒变成竞争的动力，其中重要的一点是把注意力调节到自身的优势和对方的劣势上。当你嫉妒别人时，总是因为他在某些方面的优势深深地刺激了你，而你自己在这方面又恰恰处于劣势。这一差异正是嫉妒的刺激源。与此同时，你却忽略了自己在其他方面的优势。如果你能有意识地调节自己的注意中心，便会使原先失衡的心理获得一种新的平衡，这种平衡无疑会稳定你的情绪和情感。所谓魔道由心而生，天堂和地狱只在一念之间，定期梳理和反省自己的心灵，才能确保不被心魔所控制，而避免无穷的祸害，不至于害人害己。

看不到自身独一无二的优点

生活中，人往往容易看到别人的长处而忽视自己的优点。实际上，我们每个人都有自己的闪光点，只要我们勇于正视自己，善于欣赏自己，都能够找到自己的优点，从而消除嫉妒情绪。

李扬是中国著名的配音演员，被戏称为"天生爱叫的唐老鸭"。

李扬在初中毕业后参了军，在部队当一名工程兵，他的工作内容是挖土、扫坑道、运灰浆、建房屋。可是李扬明白，自己身上潜在的宝藏还没有开发出来，那就是自己一直钟爱的影视艺术和文学艺术。

在一般人看来，这两种工作简直是风马牛不相及。但李扬却坚信自己在这方面有潜力，应该努力把它们发掘出来。于是他抓紧时间学习，认真读书看报，博览众多的名著剧本，并且尝试着自己搞些创作。

退伍后李扬成了一名普通工人，但是他仍然坚持不懈地追求自己的目标，没有多久，大学恢复招生考试，李扬考上了北京工业大学机械系，成为了一名大学生。从此，他用来发掘自己身上宝藏的机会和工具一下子多了起来。

经几个朋友的介绍，李扬在短短的五年中参加了数部外国影片的译制录音工作，这个业余爱好者凭借着生动的、富有想象力的声音风格，参加了《西游记》中猴王的配音工作。1986 年初，他迎来了自己事业中的辉煌时刻，风靡世界的动画片《米老鼠和唐老鸭》招聘汉语配音演员，风格独特的李扬一下子被相中，为可爱滑稽的唐老鸭配音，从此一举成名。

如果说成名前的李扬是一只平凡的丑小鸭，那么这只丑小鸭正是在自己的努力之下变成了漂亮的白天鹅。假如李扬被嫉妒情绪迷昏了心智，蒙蔽了双眼，看不到自己身上的优点，就不会有今天的成功，他会一直被自己的负面情绪所支配，只能看到别人身上的优点，而看不到自己的优点，也就不会将自己的优点发扬光大。

我们在生活中，很容易只向外看，不向里看，这种观察角度的偏差就会将我们送到嫉妒情绪的边缘，再加上我们对自己缺乏自信，自然会心生嫉妒。

产生嫉妒情绪，一个主要的内在原因就是对自我过于苛刻。人们总感到自己这也不好，那也不如意，却又没有比别人更好的办法来改进。如果放下对自己严苛的审视目光，改为通过各种途径来充实自己，做一个从"没什么"到"有什么"的转变，你会从自己身上发现更多值得称道的东西，也就不会总在别人身上纠结。生活中，每个人都需要别人真诚的赞美，期待别人来发现并欣赏他的闪光之处。但我们更需要经常自己赞扬自己一下，从中受到启发，发现自己的与众不同。

化解嫉妒心理

嫉妒别人是缺乏自信的表现。嫉妒会导致情绪上的低落，约翰·德赖登称之为"灵魂的黄疸"。真正自信自爱的人，并不会嫉妒，更不会允许嫉妒让自己心烦意乱。

嫉妒产生于一种畸形的竞争心态。一旦认为他人在某方面比自己强，便会心烦意乱，甚至时刻想着如何打击、诋毁他人。

伏尔泰说："凡缺乏才能和意志的人，最易产生嫉妒。"因为自己技不如人，就只能用嫉妒的心理去排解心中的不平。一旦任由嫉妒心理自由发展，就会疏远那些各方面比自己强的人，结果不仅孤立了自己，而且会阻碍自己前进。

每个人都难免产生嫉妒，但是杰出的人往往能用理性去克制嫉妒，并以此来刺激自己奋发努力，而不是阻挠对方；但那些任嫉妒之火燃烧而失去理智的人，往往会被内心这种疯狂的激情消耗精力，使他人和自己两败俱伤。

有两家邻居表面上相处得很好，其中一家男主人表面上对另一家新购置的房产欢欣鼓舞，对其儿子考上大学击掌庆贺。但是，一回到自己家里，就变得恶狠狠起来：凭什么他这么有钱，凭什么他的儿子就能上大学，而我什么都没有呢？他在心里诅咒，每天都盼望他的邻居倒霉，或盼望邻居家着火；或盼望邻居得什么不治之症；

或盼望下雨天雷能窜进邻居家，劈死一两个人；或盼望邻居的儿子出意外……

然而每当他看到邻居时，邻居总是活得好好的，并且微笑着和他打招呼。这时他的心里就更加不痛快，恨不得往邻居的院里扔包炸药。就这样，他每天折磨自己，身体日渐消瘦，胸中就像堵了一块石头，吃不下也睡不着。

终于有一天，他决定给他的邻居制造点儿晦气。这天晚上他在花圈店里买了一个花圈，偷偷地给邻居家送去。当他走到邻居家门口时，听到里面有人在哭，此时邻居正好从屋里走出来，看到他送来一个花圈，忙说："这么快就过来了，谢谢！谢谢！"原来邻居的父亲刚刚去世。这人顿觉无趣，"嗯"了两声，便走了出来。

这让这个男人觉得很生气，不但没有达到目的，反而误打误撞，让别人捞了"好处"。

终于，他又等来了一个机会。上帝说：现在我可以满足你任何一个愿望，但前提就是你的邻居会得到双份的报酬。那个人高兴不已。但他转念一想：如果我得到一份田产，邻居就会得到两份田产了；如果我要一箱金子，那邻居就会得到两箱金子了；更不能忍受的就是如果我要一个绝色美女，那么我的邻居就同时会得到两个绝色美女……他想来想去总不知道提出什么要求才好，他实在不甘心让邻居白占便宜。最后，他一咬牙："哎，你挖我一只眼珠吧。"

故事中的人因为嫉妒而变得丧心病狂，最终在残害别人的同时也把自己伤害了。当然这只是一个故事，但生活中类似害人害己的事却在时时上演，嫉妒就像心灵的毒火一样，无可救药地、疯狂地毁灭着原本健康快乐的人生。

化解嫉妒心理，我们需要从以下几点入手：

1. 客观评价自己和他人

要正确地认识自我，评价他人。"金无足赤，人无完人"，一个人限于主客观条件，不可能万事皆通，处处比别人优秀，时时走在别人前面。要接纳自己，认识自己的优点与长处，也要正确地评价、理解和欣赏别人的优点。当嫉妒心理给自己的精神带来一些烦恼与不安时，不妨冷静地分析一下嫉妒的不良作用，同时正确地评价一下自己，从而找出一定的差距，做到有"自知之明"。只有正确地认识自己，才能正确地认识别人，嫉妒的锋芒就会在正确的认识中逐渐被钝化。

2. 学会正确的比较方法

一般说来，嫉妒心理较多地产生于原来水平大致相同、彼此又有许多联系的人之间。特别是看到那些自认为原先不如自己的人都取得了成就，于是嫉妒心油然而生。因此，要想消除嫉妒心理，就必须学会运用正确的比较方法，辩证地看待自己和别人。要善于发现和学习对方的长处，纠正和克服自己的短处，这样，嫉妒心也就不那么强烈了。

3. 充实自己的生活，寻找新的自我价值，使原先不能满足的欲望得到补偿

当别人超过自己而处于优越地位时，你应当扬长避短，寻找和开拓有利于充分发挥自身潜能的新领域，以便"失之东隅，收之桑榆"。这会在一定程度上补偿先前没满足的欲望，缩小与被嫉妒对象

的差距，从而达到减弱甚至消除嫉妒心理的目的。例如，某人虽无真才实学，却善于钻营，官运亨通，成为你的上司。对此，你大可不必猝发妒情，而应发挥自己的专长，在业务上刻苦钻研，精益求精，同样可以令别人刮目相看。

4. 升华嫉妒，化嫉妒为动力

不管是在学校，还是在工作单位，每个人都要在充满竞争的环境中客观地对待自己。不要嫉妒比自己优秀的同学或同事，而要以他们为榜样，成为自己前进的动力。学会赞美别人，把别人的成就看作对社会的贡献，而不是对自己权力的剥夺或地位的威胁，将别人的成功当成一道美丽的风景来欣赏，这样，你在各方面将会达到一个更高的境界。

总之，如同钢铁被腐蚀一样，人很容易被嫉妒折磨得遍体鳞伤，我们要时刻提防它对我们心灵的腐蚀，远离嫉妒情绪，从而让自己获得内心的自由与超脱。

第五章

自己总遭遇"不公平"——抱怨爆发

做不到顺其自然

有的时候，抱怨情绪的产生源于我们的心境不够坦然。我们在生活中，应当遵循的是自己的自然本性和自身的习惯，做到凡事顺其自然。当你顺其自然地做某件事的时候，就会有意外而又有趣的事来临，我们经常会从中获得一些有益的经验。若是拘泥于计划，就永远得不到那些经验。

冯友兰先生曾说："幸福是相对的，顺自然之性便能获得幸福。"为解释这句话，他曾说了这样一个小故事：

三伏天，智者院里的草地上一片枯黄。"快撒点草籽吧！好难看哪！"徒弟说。

"等天凉了……"智者挥挥手，"随时！"

中秋，智者买了一包草籽，叫徒弟去播种。秋风起，草籽边撒边飘。

"不好了！好多种子都被吹跑了。"徒弟喊。

"没关系，吹走的多半是空的，撒下去也发不了芽，"智者说，"随性！"

撒完种子，跟着就飞来几只小鸟啄食。"真糟糕！种子都被鸟吃了！"徒弟急得跳脚。

"没关系！种子多，吃不完！"智者说，"随遇！"

半夜下了一阵骤雨，徒弟一早冲进智者的房间："老师！这下真完了！好多草籽被雨水冲走了！"

"冲到哪儿，就在哪儿发芽，"智者说，"随缘！"

一个星期过去了，原本光秃秃的地面，居然长出许多青翠的草苗，一些原来没播种的角落，也泛出了绿意。徒弟高兴得直拍手。

智者点头："随喜！"

这个富有禅意的小故事告诉我们，要一切顺其自然，做任何事情都不勉强自己。随不是随便，是顺其自然，不怨怼、不躁进、不过度、不强求；是把握机缘，不悲观、不刻板、不慌乱、不忘形。

俗话说："强扭的瓜不甜。"如果我们在学习和生活中，做事情总是勉强自己，比如，勉强自己学习优秀的同学或朋友的学习方法和生活习惯，而忽视自己的方法和养成的习惯，你会发现自己不但活得很累，而且没有取得好成绩。我们无论做任何事，都不要勉强自己，否则只会徒增抱怨，增添自身的痛苦。

风靡欧美的《简单生活》一书的作者丽莎指出："每天都给自己

一段独处的时间，好好问问自己，到底想过什么样的生活？什么是可有可无的？什么是必须去不懈追求的？这样的追问可以一直延续下去，还可以把每天的想法记录下来，这样你会看到，随着生活阅历的增加，思考的深入，你的回答也不断成熟。只要我们不再一味追求外界的认可，疲惫无奈地生活在他人的注视之下，我们就会赢来丰富多彩的人生，成为自己命运的主宰者。"

　　这段话告诉我们：在我们的学习和生活中，只要坚持反问自己，是不是做事太过于执着和勉强了，然后以一种顺其自然的态度来学习和生活，那么我们将不再疲惫。强扭的瓜是不会甜的，顺自然之性才能获得幸福。

不能坦然面对问题

　　在现实生活中，我们难免要遭遇挫折与不公正的待遇，每当这时，有些人会产生抱怨的情绪，进而牢骚不断，希望以此引起更多人的同情，吸引别人的注意力。从心理学角度上讲，这是一种正常的心理自卫行为。但这种自卫行为同时令许多人担忧，牢骚、抱怨会削弱责任心，降低工作积极性。

　　人生路上不可能一帆风顺，遭遇困难是常有的事。事业的低谷、生活的不如意让人仿佛置身于荒无人烟的沙漠。这种漫长的、连绵不断的挫折往往比那些虽巨大却可以速战速决的困难更难战胜。在面对这些挫折时，许多人不是积极地去找方法化险为夷，绝处逢生，而是一味地急躁，抱怨命运的不公平，抱怨生活给予他的太少，抱怨时运的不佳。

奎尔是一家汽车修理厂的修理工，从进厂的第一天起，他就开始喋喋不休地抱怨，什么"修理这活太脏了，瞧瞧我身上弄的"，什么"真累呀，我简直讨厌死这份工作了"……每天，奎尔都是在抱怨和不满的情绪中度过的。他认为自己在忍受煎熬，在像奴隶一样卖苦力。因此，奎尔每时每刻都窥视着师傅的眼神与行动，稍有空隙，他便偷懒耍滑，应付手中的工作。

转眼几年过去了，当时与奎尔一同进厂的3个工友，各自凭着精湛的手艺，或另谋高就，或被公司送进大学进修，独有奎尔，仍旧在抱怨声中做他讨厌的修理工。

抱怨的最大受害者是自己。生活中你会遇到许多才华横溢的失业者，当你和这些失业者交流时，你会发现，这些人对原有工作充满了抱怨、不满和谴责。有的怪工作环境不够好，有的怪老板不识才，总之，牢骚满腹，积怨满天。殊不知，这就是问题的关键所在——吹毛求疵的恶习使他们丢失了责任感和使命感，只对寻找不利因素兴趣十足，从而使自己发展的道路越走越窄。他们与公司格格不入，最后只好被迫离开。你如果不相信，可以立刻去询问你所遇到的任何10个失业者，问他们为什么没能在所从事的行业中继续发展下去，10个人当中至少有9个人抱怨旧上级或同事的过错，绝少有人能够认识到，自己之所以失业是失职的后果。

仔细观察任何一个管理健全的机构，你会发现，没有人会因为喋喋不休的抱怨而获得奖励和提升。这是再自然不过的事了。想象一下，船上的水手如果总不停地抱怨：这艘船怎么这么破，船上的环境太差了，食物简直难以下咽，以及有一个多么愚蠢的船长，等等。这时，你认为，这名水手的责任心会有多大？对工作会尽职尽责吗？假如你是船长，你是否会让他做重要的工作？

如果你受雇于某个公司，就应该对工作竭尽全力、主动负责。只要你还是整体中的一员，就不要谴责它，不要伤害它，否则你只会诋毁你的公司，同时也断送了自己的前程。如果你对公司、对工作有满腹的牢骚无从宣泄时，就要做个选择。选择离开，到公司的门外去宣泄；选择留下，做到在其位谋其政，全身心地投入到公司的工作上来，为更好地完成工作而努力。记住，这是你的责任。

一个人的发展往往会受到很多因素的影响，这些因素有很多是自己无法把握的，工作不被认同、才能不被发现、职业发展受挫、上司待人不公平、别人总用有色眼镜看自己……这时，能够拯救自己走出泥潭的只有忍耐，而不是让自己陷入抱怨的情绪中。比尔·盖茨曾告诫初入社会的年轻人：社会是不公平的，这种不公平遍布于个人发展的每一个阶段。在这一现实面前任何急躁、抱怨情绪都没有益处，只有坦然地接受这一现实并忍受眼前的痛苦，才能扭转这种不公平，使自己的事业有进一步发展的可能。

对拥有的东西不去珍惜

只要你还有饭吃，有衣穿，你就是幸福的。因为在这个世界上，还有很多人吃不饱，穿不暖，想想他们，你就应该明白，自己对生活不停地抱怨，是多么不明智。

一名飞行员在太平洋上独自漂流了 20 多天才回到陆地。有人问他，从那次历险中他得到的最大教训是什么。他毫不犹豫地说："那次经历给我的最大教训就是，只要还有饭吃，有水喝，你就不该再抱怨生活。"

飞行员开始远离抱怨情绪，珍惜生活中现有的一切，他也就回归到了一种快乐的生活中。抱怨情绪的产生往往不是因为生活本身，而是源于自己那颗不懂得珍惜的心。

抱怨之不可取在于：你抱怨，等于你往自己的鞋子里倒水，使行路更难。困难是一回事，抱怨是另一回事。抱怨的人认为不是自己无能，而是社会太不公平，如同全世界的人合伙破坏他的成功，这就把事情的因果关系弄颠倒了。

喜欢抱怨的人在抱怨之后，自己的生活没有丝毫改变，反而因为自己停滞不前而更为糟糕。

人们喜欢那些乐观的人，是因为他们珍惜自己所拥有的一切，并且努力留住这些快乐。生活需要的信心、勇气和信仰，乐观的人都具备。他们在自己获益的同时，又感染着别人。人们和乐观、豁达、坚韧、沉着的人交往，会觉得困难从来不是生活的障碍，而是勇气的陪衬。即使是残疾人，还有机会参加奥运会；即使是失去了双手，还有艺术家能用双脚来弹钢琴。所以，珍惜自己所拥有的，才是一个对生活大彻大悟的人该有的智慧与豁达。

抱怨失去的不仅是勇气，还有朋友，因为谁都不喜欢牢骚满腹的人。失去了勇气和朋友，人生的路会变得更加艰难，所以一定要停止抱怨。有许多简单的方法可以让我们快乐地生活，停止抱怨是其中之一。抱怨相当于赤脚在石子路上行走，而乐观是一双结结实实的靴子。

受控于自己的缺陷

　　智者再优秀也有缺点，愚者再愚蠢也有优点。缺陷和不足是人人都有的，不是你自己的专属产品。很多人抱怨，就是看到了自己的缺陷，却不认为缺陷的存在也是正常的，于是开始了对自己不停地抱怨。

　　一个圆环被切掉了一块，圆环想使自己重新完整起来，于是就到处去寻找丢失的那块。可是由于它不完整，因此滚得很慢，它欣赏路边的花儿，它与虫儿聊天，它享受阳光。它发现了许多不同的小块，可没有一块适合它。于是它继续寻找着。

　　终于有一天，圆环找到了非常适合自己的小块，它高兴极了，将那小块装上，然后又滚了起来，它终于成为完美的圆环了。它能够滚得很快，以致无暇观赏花儿或和虫儿聊天。当它发现飞快地滚动使得它的世界再也不像以前那样快乐时，它停住了，把那一小块又放回到路边，缓慢地向前滚去。

　　这个故事告诉我们，也许正是失去，才令我们完整；也许正是缺陷，才体现我们的真实。

　　很多人因为自己的缺陷和不足灰心丧气，从而丧失了自信，终日与抱怨为伍。

　　金无足赤，人无完人。有了缺点和不足不要抱怨，只要你把"缺陷、不足"这块堵在心口上的石头放下来，别过分地去关注它，它也就不会成为你的障碍。假如能善于利用你那已无法改变的缺陷、不足，那么，你会是一个有价值的人。

　　不要因为不完美而抱怨自己。你有很多的朋友，他们没有一个是十全十美的。那些伪装完美、追求完美的人，其实正在拿自己一生的幸福开玩笑。

世界上根本没有完美，反而正是有了缺憾，才使我们整个生命有了追求前进的动力。珍惜缺憾，它就是下一个完美。

人生就是充满缺陷的旅程。从哲学的意义上讲，人类永远不满足自己的思维、自己的生存环境、自己的生活水准。这就决定了人类不断创造、追求，从简单的发明到航天飞机，从简单的词汇到庞大的思想体系。没有缺陷，产品便不会一代代更新。没有缺陷就意味着圆满，绝对的圆满便意味着没有希望，没有追求，便意味着停滞。人生若圆满，人类便停止了追求的脚步。

所以，在你又一次发现自己身上有缺点时，不妨以大度一点儿的胸怀接纳它们，如果是你想要纠正的缺点，就及时去纠正；如果是无伤大雅的缺点，它们可能就是你生活的乐趣，是你快乐情绪的来源。所以，抱怨情绪是否会产生，在于我们以何种眼光看待世界，看待自己。

将抱怨视作理所当然的事情

我们可以发现，几乎在每一个公司里，都有"牢骚族"或"抱怨族"。他们每天轮流把"枪口"指向公司里的任何一个角落，肆意发泄情绪，到处抱怨，而且从上到下，很少有人能幸免。处处都令他们不满意，因而处处都能看到或听到他们的批评、发怒或生气。

本来他们可能只是想发泄一下情绪，但后来却一发不可收拾。

他们理直气壮地抱怨别人如何对不起他们，自己如何受到不公平待遇，等等，牢骚越讲越多，使得他们也越来越相信，自己完全是遭受别人践踏的牺牲品。不停抱怨的"牢骚族"，他们的抱怨只会妨碍和干扰自己的阵脚，受害最大的还是自己。

事实上，你很难看到一个成功人士大发牢骚、抱怨不停，因为成功人士都明白这样的道理：抱怨如同诅咒，越抱怨越退步。

于强在一家电器公司担任市场总监，他原本是公司的生产工人。那时，公司的规模不大，只有30多人，有许多市场等待开发，而公司又没有足够的财力和人力，每个市场只能派去一个人，于强被派往西部的一个市场。

于强在那个城市里举目无亲，吃住都成问题。没有钱坐车，他就步行去拜访客户，向客户介绍公司的电器产品。为了等待约好见面的客户，他常常顾不上吃饭。他租了一间破旧的地下室居住，晚上只要电灯一关，屋子里就有老鼠们在那里载歌载舞。

那个城市的气候不好，春天沙尘暴频繁，夏天时常下暴雨，冬天天气寒冷，这对于于强来说简直就是一个巨大的考验。公司提供的条件太差，远不如于强想象的那样。有一段时间，公司连产品宣传资料都供应不上，好在于强写得一手好字，自己花钱买来复印纸，用手写宣传资料。在这样艰苦的条件下，不抱怨几乎是不可能的，但每次抱怨时，于强都会对自己说："开拓市场是我的责任，抱怨不能帮助我解决任何问题。"他坚持了下来。

一年后，派往各地的营销人员都回到公司，其中有很多人早已不堪忍受工作的艰辛而离职了。后来，于强凭着自己过硬的业绩当上了公司的市场总监。

即使在恶劣的环境下，于强也没有选择抱怨，对自己工作的坚持，使他在事业上得到了飞速发展。一名员工，无论从事什么工作都应当选择不抱怨的态度，应该尽自己最大的努力去争取进步。把不抱怨的态度融入自己的本职工作中，你才能不断进步，才能得到社会的认可，才能受到老板的青睐。

你是否能够让自己在公司中不断得到进步，这完全取决于你自己。如果你永远对现状不满，以抱怨的态度去做事，那你在公司的地位永远都不会变得重要，因为你根本就不能做出重大的成绩。

抱怨的人很少以积极正面的方式去选择情绪发泄的方法，不会从观念上认为主动独立地完成工作是自己的责任，却将抱怨视为理所当然。任何一个聪明的员工都应该明白这样的道理：一个人一旦被抱怨束缚，不尽心尽力而应付工作，在任何单位里都会自毁前程。如果希望改变一下自己的处境，希望自己能够取得不断进步，希望自己远离抱怨情绪，那么首先应该从不抱怨自己的工作开始。

第三篇

控制自己的情绪

情绪有积极、消极之分，但人们大多对情绪缺乏必要的了解和关注。积极情绪会激发人们的热情与希望，而消极情绪若不适时加以控制，则会引起严重的心理疾病，因而我们要合理地控制自己的情绪波动，发挥情绪的积极作用。

第一章

我们为何总是情绪化——情绪认知

接受并体察你的情绪

每个人的情绪都处于不断变动的状态中，有兴奋期就不可避免地有低潮期，掌管和控制情绪之前应该先去接受和体察它。情绪变化是有规律的，只有接受和体察，才能真正地顺应内心、帮助内心回归平和。

当然，不同的人处理情绪的态度不同，但是大家有一个普遍的共识：情绪不能压抑，压抑会导致各种心理障碍，也会导致某些疾病的产生。因而针对情绪化的人，心理学家建议他们对待情绪的基本态度就是承认和接受。

平时，方女士对同事和对身边的朋友都非常友好，从来不和别人发生冲突，大家都觉得她是一个脾气温和的人。在别人眼里，她温柔又和善。

但回到家里，她往往会因芝麻大小的事就对丈夫大发脾气，甚至还会摔东西。丈夫对此也很无奈，并且非常不开心，觉得她很难让人接受。

面对自己阴晴不定的情绪，方女士非常痛苦。其实，丈夫对她很好，她也很爱丈夫，但她又害怕丈夫会因自己的情绪而离开她。有时候，她也非常受不了自己，可是当发脾气的时候她却无法预计和控制。很多次，她都告诉自己的父母和丈夫，但他们都说是她自己没有克制能力。对于他们对自己的不理解，方女士很苦恼，于是，她尝试去看心理医生。

心理医生分析了方女士的情况，又咨询了一些关于她成长的事情，最后终于找到她情绪化背后的根源：由于孩提时父母离异，方女士非常敏感但又异常依赖身边的亲人，脾气暴躁。医生为她提出一些改变情绪化的建议，并告诉她要悦纳自己的情绪，才会便于改善情绪。

很多人的情绪化都产生于孩提时代。孩子总是被大人引导，使他们将自己最直接的情感与不愉快的事情相联系：孩子可能会因哭闹受到处罚，也可能因嬉闹而受到处罚。揭开情绪的面纱后，总是能找到导致自己情绪化的原因。不能公开地表达自己的情感，但起码可以承认它们的存在。要承认它们存在的最基本的一步就是允许自己体验情感，允许自己出现各种情绪并恰当表达它们。

体察情绪的第一步，就是要正视它。情绪不会凭空消失，存在就是存在，它不可能因为你的否定而消失。相反，一味地否定只能让情绪潜藏在意识里，可能会带来更坏的影响。每个人都有发泄情绪的权利，如果不敢承认情绪的存在，可能也就不敢发泄情绪，盲目压抑情绪对个人的身心发展非常不利。

其次，可以采取"情绪反刍"或是"寻根溯源"的方法来认识自己的情绪。要沿着自己的心灵发展轨迹，溯流而上，用当前情绪去联想更多的情绪状态，慢慢体味、细细咀嚼自己的各种情绪经历，并询问自己当时如果没有产生这种情绪会是一种怎样的情形。这样可以使自己变得心平气和。

再次，学会养成体察自身情绪的习惯。也就是时时提醒自己注意："我现在有怎样的情绪？"例如，当自己因同事的一句话而生气，不给对方解释的机会，这时就问问自己："我为什么这么做？我现在有什么感觉？"如果察觉自己只对同事一句无关紧要的话就感到生气，就应该对生气做更好的处理。有许多人认为"人不应该有情绪"，因而不肯承认自己有负面的情绪。实际上，人都会有情绪，压抑情绪反而会带来不良的结果。

最后，缓解和调理自己的情绪。觉察自己情绪的变化，能更清楚地认识自己的情绪源头，也有助于理解和接受他人的错误，从而轻松地控制消极的情绪，培养积极的情绪。疏解和调理情绪，也需要适当地表达自己的情绪。

接受并体察自己的情绪，不要拒绝，不要压抑，勇敢地面对自己的情绪变化。在情绪转好之时，及时抓住机会，积极投入到有意义的事情中去。

正确感知你所处的情绪

知觉与评估情绪的能力是心理学上两类最基本的情商，也是衡量一个人情商高低的最基本的要素。通常来说，低情商者对自己及他人的情绪感知能力弱，容易导致情绪失控；而高情商者对自身的情绪能够做理智的分析。其实对自身情绪的评估能力越强，越有利于问题的解决。但往往有很多人，对自身的情绪很难把握，对此，可以从心理状态加以分析。

著名心理学家约翰·蒂斯代尔提出的"交互性认知亚系统"理论，是一种以正念为基础的认知治疗理论，该理论认为人一般有三种心理状态：无心／情绪状态、概念化／行动状态、正念体验／存在状态。

无心／情绪状态指人们缺乏自我觉知、内在探索与反思，一味沉浸到情绪反应中的表现；概念化／行动状态则指人们不去体验当下，只是在头脑中充满着各种基于过去或未来的想法与评价；正念体验／存在状态才是最为有益的心理状态，它是指人们去直接感知当下的情绪、感觉、想法，并进行深入探索，同时对当下的主观体验采取非评价的觉知态度。

进入正念状态需要高度集中注意力去关注当下的一切，包括此时此刻我们的情感和体验，而不应当将自己陷入对过去的纠缠或是未来的困惑中，对现在的情绪有所评判和排斥。接受发生的一切，关注当下的感受，才能发挥"正念"的透视力，达到认知自我情绪，主动调适，从而反省当下行为进行调节以增加生活乐趣的目标。

那么，如何将心理状态调整为正念体验／存在状态，这需要我们平时就进行正念技能训练。根据莱恩汉博士的总结，正念技能训练包括"做什么"和"如何去做"两大类别技能训练。

第一，"做什么"的正念技能包括观察、描述和参与三种方式。

例如，当生气时，留意生气时身体的感觉，只是单纯去关注这种体验，这是观察。观察是最直接的情绪体验和感觉，不带任何描述或归类。它强调对内心情绪变化的出现与消失只是单纯去关注，而不要试图回应。

用语言把生气的感觉直接写出来即是描述，如"我感到胸闷气短""心里紧张、冲动"，这都是客观的描述。描述是对观察的回应，通过将自己所观察到或者体验到的东西用文字或语言形式表达出来，对观察结果的描述不能有任何情绪和思想的色彩，要真实、客观。

对当前愤怒的感受和事情不予回避，这是参与，参与是指全身心投入并体验自己的情绪。

在特定的时间内，通常只能用其中一种来分析自己的情绪，而不能同时进行。用这三种方式去感受自己的情绪，有助于留意自身情绪。

第二，"如何去做"的正念技能包括以非评判态度去做、一心一意去做、有效地去做。这些技能可以与观察、描述、参与三种"做什么"正念技能的其中某一项同时进行。

以非评判态度去做，应当关注正在发生的一切，关注事物的实际存在，而不需要进行评价。仍以愤怒为例，当生气的时候，"应该""必须""最好是"停止或继续发怒的想法都是有评判色彩的语气。对于愤怒应当去接受而不需要去评判。

一心一意去做，就是要集中精力去关注思考、担忧、焦虑等情绪。美国宾夕法尼亚州立大学心理学教授托马斯认为，由于人总不能把握现在和关注此刻，容易产生焦虑和抑郁的情绪。基于此，托马斯发展了专治慢性焦虑症的心理疗法。"当你在焦虑时，你就专心焦虑吧。"他要求患者每天必须抽出 30 分钟时间在固定的地点去担忧自己平时担忧的事。在 30 分钟之内，患者必须全神贯注担忧，30 分钟之后，则要停止担忧，并要警告自己："我每天有固定的时间担忧，现在不必再去担忧。"

有效去做，就是要让事情向好的方向发展，以有效原则衡量自己的情绪，可以避免感情用事，防止因为情绪失控而做出不恰当的事、说出不负责任的话。

我们通过每天的情绪变化去积极主动地调适自己的心理，可以在情绪激动时及时察觉与反省自己的当下行为，学会控制自己的情绪，使自己在面对痛苦的时候心情有所缓解，恢复快乐。只有学会"感受"自己的感受，方能让自己在处理负面情绪时游刃有余。

了解我们自身的情绪模式

心理学上有一个定义称为情绪模式，它是指在外界持续刺激的影响下，逐渐形成的固定的连锁情绪反应路径与行为结果。通俗地解释，即"每当……时（外界刺激），我的心情就会……（情绪反应），结果我就会……（产生行为结果）"。例如，每当有女同事穿了漂亮的新衣服，"我"就会认为自己的身材不好，穿同样的衣服肯定没有那样的效果，心情就会很低落，结果整天避免和穿新衣服的女同事正面接触。

情绪模式起因于人类大脑的应激功能和记忆功能。如果对于外界刺激的应对方式被持续使用，大脑和身体的网络系统就会发生作用，将这种应对机制模式化，生成固定的链接，从而形成情绪模式——面对相同事物时产生相同的情绪、思维和行动。

情绪模式有以下特点：

其一，情绪模式的形成源于相同的刺激源。每当遇到同样的情境，人们就会产生相似的情绪并导致相似的行为结果。

其二，情绪模式的形成是一个循序渐进的过程，经过多次相同的外界环境的刺激，情绪模式才会形成。

其三，情绪模式的反应速度极其迅速。它具有"第一时间反击"的特点，一旦形成，再遇到外界相同的刺激源时就会以主体察觉不到的速度快速启动。

情商理论中有种现象叫作"情绪绑架"，是指已经形成的情绪模式阻碍了大脑的理智思考，强制启动应激行为作为对情绪的反应。这是因为情绪模式一旦形成就很难改变，这也是为什么常常会听到有人说"我不知道为什么当时那么伤心，以致做出那么傻的举动"，"我那时候就是忍不住对平时很尊敬的老师大吼大叫"的原因。由此可见，"情绪绑架"对情绪主体是弊大于利的。

人们一直致力于摆脱"情绪绑架"，而成功的关键就在于识别自身的情绪模式，找到病因，对症下药。但是情绪模式经过日积月累已经成为我们潜意识的一部分，行为主体很难站在客观的角度将其识别出来。可以根据以下几个步骤来有意识地察觉自己的情绪变化及其引起的连锁反应，以及最后自己采取的行动，从而识别出自己的情绪模式。

步骤一，记录情绪变化。有意识地关注自身情绪变化，包括变化的原因及变化引发的影响。察觉到这些之后要及时准确地记录。

步骤二，自我情绪反省。充分利用步骤一的成果——情绪变化记录表，观察自己历次情绪变化的诱因是否值得，情绪反应的行为是否得当。如果造成的是积极的结果，要告诉自己努力保持；如果造成的是消极的影响，要及时提醒自己消除不良情绪的滋长，将其扼杀在萌芽状态。例如，发现自己总是为衣着打扮等外在因素而嫉妒身边的女同事，从而与其疏远，那么经过反思之后，遇事就要用包容的心态去思考，要让自己提高内在素养，摒弃对虚无外表的追求。一段时间过后，你会发现自己从前对身外之物斤斤计较的想法是多么不值得。

步骤三，倾诉不良情绪。不识庐山真面目，只缘身在此山中。由于情绪模式已经固化在我们的头脑和神经系统中，难以自我察觉，所以，我们可以求助于他人来捕捉自己的情绪变化。可以先与家人和好友沟通，请他们在自己情绪变化时及时告知。可以通过日常沟通中的面部表情、肢体语言等流露出的潜意识来判断你的情绪变化，从而追踪到你情绪变化的诱因和由此导致的行为结果。你可以根据他人的意见来了解自己内心真实的想法。

步骤四，测试自身情绪。我们可以通过专业的情绪测试工具或咨询专家来发现自己的情绪模式。看似与情绪问题相距甚远的测试问卷或者专家的漫无边际的访谈，却可以借助科学的手段准确地了解你情绪模式的症结所在。

当然，以上四个步骤的最终目的是发现问题，解决问题。我们发现了自己的情绪模式之后就可以将其一一列出，并且在每天的日常生活中逐项加以克服。坚持这样一个循序渐进、由浅入深的过程，我们就可以达到摆脱"情绪绑架"的最终目的了。

情绪同样有规律可循

人的情绪如同眼睛一样，也有自己看不到的"盲点"。通过了解自己的情绪盲点，从而把握自身的情绪活动规律，可以有效地调控自己的情绪。

情绪盲点的产生主要是由于以下 3 个方面：

（1）不了解自己的情绪活动规律。

（2）不懂得控制自己的情绪变化。

（3）不善于体谅别人的情绪变化。

其中，能否把握自身的情绪规律是情绪盲点能否出现的根源。

认识到情绪盲点产生的原因，我们便需要从原因入手，从根源上把握自身的情绪规律。这就需要从以下几个方面加强锻炼，以培养自己与之相应的能力：

1. 了解自己的情绪活动规律，培养预测情绪的敏锐能力

科学研究证明人都是有情绪周期的，每个人的情绪周期不尽相同，大概为 28 天。在这期间，人的情绪成正弦曲线的模式：情绪由高到低，再由低到高。在人的一生之中循环往复，永不间断。

计算自己的情绪规律分为两步：先计算出自己的出生日到计算日的总天数（遇到闰年多加 1 天），再计算出计算日的情绪规律值。

用自己的出生日到计算日的总天数除以情绪周期 28，得出的余数就是计算日的情绪值。余数是 0、4 和 28，说明情绪正处于高潮和低潮的临界期；余数在 0～14 之间，情绪处于高潮期；余数是 7 时，情绪是最高点；余数在 15～28 之间，情绪处于低潮期；余数

是 21 时，情绪是最低点。

由此可以看出，情绪有高低起伏。我们不要认为自己会永远处在情绪高潮期，也不要觉得自己会一直处于情绪低潮期，在情绪好的时候提醒自己注意下一阶段的低落，在情绪低落时告诉自己会慢慢好起来的。我们所吃的东西、自身的健康水平和精力状况，以及一天中的不同时段、一年中的不同季节都会影响我们的情绪。许多人虽然重视了外在的变化对自身情绪的影响，却忽视了自身的"生物节奏"。其实，通过尊重自己的情绪周期规律来安排自己的学习和生活，是很有必要的。

2. 学会控制自己的情绪变化，坦然接受自身情绪状况并加以改进

想要控制自己的情绪变化，首先要对自己之前的情绪经历做一个简单梳理，从之前的经验来寻找自身情绪的活动规律。同样的错误不能犯第二次，这正是掌握情绪活动规律后得到的经验。一个有敏锐感知能力的人，能够在自己一次的情绪失控中回顾反思，总结、评估事情的前因后果，并最终达到提升自己情绪调控能力的目的。毕竟，情绪的偶尔失控和爆发是一种正常的现象，但倘若情绪失控成为常态，则不是一件好事。

想要控制自己的情绪变化，还需要对自己的情绪弱点做一个分析总结，去认识自己的情绪易爆点在哪里，情绪失控的事情可能会是什么，事先考虑好如果再次遇到同种情形所需要选择的应对方式。这样可以在事前做好准备，及时采取应对措施，防止情绪失控之后被动解决所导致的追悔莫及。

3. 学会理解他人情绪和行为，同时反省自己

人际交往中，理解的力量是伟大的，但在通常情况下，虽然人们希望得到别人的理解，希望别人能够理解自己的情绪和行为，却往往忽视了理解别人。这就是为什么人的情绪出现盲点的外在原因。

　　理解他人的需求、情绪和感受等有助于增添交流的共同话题和认同感，有助于彼此之间形成和谐健康的人际关系。并且，通过对别人情绪的反观来看自己的情绪变化和体验，可以清晰地了解自己，从而把握自身的情绪节律和促进自身情绪状况的改进。

第二章

摸清情绪的来源——情绪评价

对人对己，情绪归因有不同

掌握正确的情绪分析法并加以运用，是进行情绪分析、评估的前提和基础。在分析他人的情绪时，应当充分运用合理的情境归因法；在分析自己的情绪时，则可以运用合理的个人归因法。在具体分析的过程中，很可能需要将两者结合起来，这样可以防止错误的情绪分析。以下是情境归因法和个人归因法的具体内容：

1. 运用合理的情境归因法分析他人的情绪

在对他人的情绪进行分析时，一般人都会表现出一种普遍的偏见，高估人格特质的影响，而忽视了情境的作用。即使做出情境归因，也通常会把情绪和行为的原因归结为外界环境中的某种东西，比如，个人性格本身不好、环境不好、素质差劲、机会少、任务艰巨，等等。这类情境归因虽然有一定的道理，却不甚合理。

我们应该站在别人的立场上，对这个人为什么产生这种情绪做合理的情境归因，这就需要表现出对别人的宽容大度和理解，这也将有助于良好人际关系的形成和巩固。丈夫回家晚了，作为妻子不应该一味地责怪他不顾家，而应该想到是否由于他工作太繁忙而回家晚。如果以体谅的心态来对待彼此，则双方都会心存感激。

中国古代有个情境归因法的经典例子，那就是关于鲍叔牙和管仲的故事。

鲍叔牙和管仲是好朋友，在做生意的时候，管仲出的资金少，而最后拿的分红多，鲍叔牙解释这是由于管仲家比较困难，更需要钱；管仲在战场上逃离，鲍叔牙解释这是因为他家有八十岁老母需要照顾，不得不忍辱回家尽孝道。后来，管仲在鲍叔牙的举荐下成为了一代名相，两个人的友谊也成为千古流传的友情佳话。这正是由于鲍叔牙运用了合理的情境归因法，从管仲的角度去考虑，才既没有误失人才，又巩固了友谊。

2. 运用合理的个人归因法分析自身的情绪

辩证法指出，内因是事物发展变化的根本原因，外因只有通过内因才能起作用。这就是说，外界的所有因素对自身的影响必须经由自身才能反应，因此，自身才是情绪问题的根源所在。当出现情绪问题的时候，仅仅将原因归于他人或是外界环境是不正确的。无论遇到什么情况，都应该首先做到从自己身上寻找原因，抱怨和推脱没有任何意义。

不过，从自身寻找原因中有一种情况是对个人的否定。有人在对自己的情绪进行分析的时候，会将行为和情绪的原因看作和自己的性格、态度、意图、能力和努力程度相关的问题，从而导致对自我的否定，正是这些有偏见的个人归因导致对自我分析之后陷入更为严重的情绪问题。比如，有人觉得自己太笨了太没出息了等，这些都是不合理的个人归因。遇到这种情况，我们应当运用灵活的原则去对待，在进行情绪分析的时候，多从内在的稳定因素归因，如努力程度是否足够，少从不稳定因素归因，如个人的能力等，克服个人归因偏差，这样才能够增强自己的信心。

　　内因和外因是相互关联、相辅相成的两个因素，缺一不可。在情绪分析过程中，我们不但需要客观、实事求是，也需要将情境的外因和个人的内因结合起来综合运用。运用合理的归因法可以使问题者减少抱怨，培养他们的责任感和积极进取的精神状态，从而能够更有效地解决问题，达到情绪的良性循环。

　　情绪分析的"内观疗法"

　　如果对问题进行深入分析，人们自身多多少少都存在着问题，但是人们总是习惯于把过错归结到别人身上，而很少去把探究问题根源的目光放到自己身上。如果认真关注周围的人，我们会惊讶地发现，越是有成就的人往往越谦虚，而没有成就的人往往将原因归于外在条件。他们总会认为自己未获得成功是因为条件不成熟、环境不够适宜、没有更多的支持，等等，而不去反省自身的原因。

　　要注意反观自身，真正伟大的人物都对自身的缺点和不足看得比较透彻。

　　那么，如何进行充分的自我分析？我们可以运用日本的吉本伊信创始的"内观疗法"。内观又称内省，是观察自我、纠正自我的一种方式，可以通过对自我的分析来改善自己的人格特征，纠正人际交往中的不良态度和行为，促进自身的发展和人际和谐。

"内观疗法"依具体的方法不同，主要分为集体内观和分散内观两大类。

1. 集体内观

集体内观是可以多人同时进行的一种方式。在一间安静的屋子里，四周围上屏风，个人选择自己最舒服的姿势，进行系统的回顾和反省，除了吃饭、睡觉之外，不可以随意走动、谈笑、看书。

2. 分散内观

分散内观的方法与集体内观的方法相似，只不过是以最近发生的事为主，比集体内观反省的时间短，并且在日常生活中便可以进行，具体为每周一到两次，也可以每日一次，每次一到两个小时，比较容易实施。

内观之后，对自己的评估便可以达到全面、科学、客观。这个时候再找朋友和比较熟悉的同事分析自己内观后的自我评估值是否客观，以便及时快速地提高自身的能力素质。

人无完人，每个人都有自己的缺点和不足。当问题产生的时候，我们需要用理性的态度来看待事情，从自我做起，加以改进。有的人总是对自己的优点和优势沾沾自喜，对自己的缺点和不足视而不见，甚至刻意忽视别人身上的优点和长处，这种心理态度很不健康，面对问题，要学会首先从自己身上寻找原因。

张清和李文是相恋多年的情侣，然而就在两人要结婚之际，张清犹豫了，她感觉李文变得越来越不相信自己，还总爱吃醋，每次出差都要追问自己所有的细节和过程，很介意她跟其他男同事的交流。为此，两人经常吵架。

　　张清认为两个人在一起最重要的是信任和宽容，对于男朋友李文的所作所为，她感到很失望。然而有一次，在她与一个很熟悉的朋友倾诉想要放弃这段恋情的时候，朋友的一句话点醒了她。"也许是你自身的原因导致了他对你的猜疑呢？"这时，张清才意识到，不能只站在自己的角度想问题。在与朋友的交流中，她逐渐反观自身，终于意识到自己有些行为的确让李文心存怀疑。比如，她不喜欢清楚地告诉别人自己要到哪里去，和谁在一起，这样，关心自己的李文自然会担心；有时候她喜欢谈论公司的男同事，而从不提及自己身边的女性朋友，这让李文很没有安全感。想到这些，她也感到很抱歉。与朋友交流后，她努力地改变两人交流和相处的方式，果然，李文变得越来越宽容，两人仿佛又找到了初恋时的感觉。

　　不久，两人迈进了婚姻殿堂。

　　张清正是通过内观反省的方式对自己的问题进行了总结思考，加以改进，才使事情向好的方面发展的。假如她在看到男友猜忌之后一味地以为这是对方的过错，而对此耿耿于怀，两个人势必会闹到分手的地步。由此看来，自我反省是非常有必要的。

　　在问题面前，学会主动从自身寻找原因，这极其难得，也十分必要。古代哲人曾以"吾日三省吾身"来对自己的言行进行内观，以警示后人要从自身原因出发来看待问题。如果不知道反省自己，而只是去埋怨别人，只能阻碍自己通向成功。内观反省是一面镜子，可以找出自身的问题。苛求别人不如反省自身，通过对自身的情绪评估和调控，达到人际关系的和谐相处，这才是关键。

运用辩证法策略改善情绪

事物本身有好坏之分，然而我们对待事物的情绪往往取决于注意力的所在点，当你关注好的一面时，会感到欢欣鼓舞；面对坏的一面时，当然会沮丧失望。世界潜能开发大师安东尼·罗宾认为，人们对事实的认知会受注意力的影响，应当控制好自己的注意力，否则很容易被它戏弄。注意力是看待事物的焦点所在，也是情绪生成的先决条件，要想有效调控情绪，便需要控制注意力，辩证地看待事物的各个方面。

我们所经历的各种情绪和各种事情都可以从多个方面来分析，评析过程中，尤其要注意运用辩证法的策略，这样可以使情绪评析人对情绪的形成、发展及结果洞悉得更加全面、客观、理性，从而加快解决情绪事件，并促进形成良好的心态。倘若观察不全面，则会容易使情绪陷入极端和偏激，不利于情绪调控。

几十年前，一个身有残疾的美国人，家中遭遇了小偷，损失了一些财物，一位朋友写信来安慰他，他回信说："谢谢你的来信，但其实我现在心中很平静，因为：第一，窃贼只偷去我的东西，并没有伤害我的生命；第二，窃贼只偷走部分财物，所幸并非我所有财产；第三，还好是别人来偷我的，而不是我做贼去行窃。"

就是这样的乐观态度，使这位残障人士遇到任何事情，都能用积极的态度来应对，进而在日后缔造出了不凡的事业。他就是美国第三十二任总统——罗斯福。

　　家中失窃原本是件令人恼怒的事情，但在罗斯福看来，东西既然已经丢了，生气也找不回来。与其让愤怒指挥自己接下来的情绪，不如放宽心态从不幸中发现美好。即使被大多数人视为不幸之事的被盗，也阻挡不了他继续追寻快乐的脚步。由此可以看出，情绪好坏与否，关键在于我们在看待一件事情时用什么样的思维方式和心态。如果我们辩证地去看待被盗这件事情，它也可以有正面和负面两种影响。

　　宇宙间的每个事物都是独一无二的，都有自己特殊的规律和特性，杨树不能被叫作松树，苹果不能称为梨子，甚至"世界上没有完全相同的两片叶子"，从这一方面来看，"非此即彼"是成立的。然而，世界万事万物处于普遍联系之中，每个具体事物都同若干个具体事物相联系着。"亦此亦彼"的可能性存在于多种现象，鱼和两栖动物之间的界线是不固定的，脊椎动物和无脊椎动物之间的界线也渐渐模糊，鸟和爬行动物之间的界线正日益消失……没有完全相异的两种事物，而且，事物之间还存在相互转化的规律，正如老子所说："祸兮福之所倚，福兮祸之所伏。"辩证法不鼓励找到逻辑上的绝对真理，而是要求在处事上去遵循客观世界的发展规律，具有"非此即彼"和"亦此亦彼"的统一辩证思维。

　　在情绪评析和调控的过程中，辩证法思维所揭示的事物具有两面性的特征证明了中庸之道——"允执其中"的必要性和可能性。情绪评析应注意保持各方面在动态中的均衡，情绪调控需要我们及时地转移注意力，在身处顺境的时候提醒自己冷静理智，要有危机意识；在身处逆境的时候，要积极乐观，看到光明所在，从而实现情绪的平静顺畅。

同样是别人的一句话，当你对说话人感到厌恶时，你会认为这是一句不安好心的坏话；当你对说话人有好感时，你会认为这是他对你的肺腑之言。"情人眼里出西施"，与此也大致类似，究其原因是我们的注意力集中点不同。评价一个人时，我们不应当仅仅发现他的缺点，还应当看到对方的优点，尤其是当我们的情绪指向极端的时候，更应当辩证地看待。比如，当你与身边的人发生口角时，就应当回想他的优点和过去与他相处的愉快经历，就会感到情绪有所平复。

在情绪评价的时候，将注意力放在积极和消极两个方面，并多关注积极的方面，用"非此即彼"与"亦此亦彼"相结合的辩证法思维来思考，这将有助于我们达到"允执其中"的状态，保持心理上的平衡。

将换位思考运用在情绪分析中

所谓同理心，就是站在对方立场上去进行的一种思考方式。通常我们有类似的经历：在面对同一件事情时，我们自身会体现出一种立场，当你设身处地地站在别人的立场上去思考的时候，便能够深切地感受到对方的情绪状态，于是在沉浸于情境的感悟中，能够做到对他人的理解、关心和支持。心理认同是同理心的重要内容，这就是同理心所揭示的一个道理。

常常有人说:"你怎么那么说话呀,真是饱汉不知饿汉饥。"事实上,吃饱的人从自己的立场出发看待问题并没有错,他是真的不知道饥饿的痛苦滋味,但他没有从饥饿的人的角度思考问题,才引起了对方的怨气。

在现实生活中,面对诸多矛盾和问题,很多人会对他人产生愤怒情绪。他们认为将责任推卸给别人是解决问题最简便的一种方式。殊不知,面对自身所遇到的情绪问题,采用如此的态度和行为,恰恰使当事人陷入不良的情绪循环。当他们认为别人不欣赏自己、愚弄了自己的时候,便会产生避免使自己成为受害者的心理,而愈加对别人产生愤恨。在迁怒于别人的过程中,他更会为自己可能遭受的报复感到恐慌,从而更加固执地认为对方十分鄙视自己,如此往复循环,恶性的心理情绪将最终导致个人的心理疲惫与情绪的失控。

在心理学中,这种现象又被称为"反射-惯性"。当事人的行为起初是一种条件反射,这让自己对过错感到心安理得,于是他们继续这种行为,不断强化对他人误解的惯性。假如对方真的与之相对抗,便有可能使二者都陷入情绪的恶化中,谁都下不了这个台阶。

情绪问题几乎都产生于人际交往的过程中,这就关系到心理认同这条基本的人际关系法则。要想走出"反射-惯性"这一怪圈,培养并加强同理心势在必行。行动对人的影响与个人的切身体验密不可分,有人在心理认同方面做得不到位,于是与别人的相处总表现得冷冰冰;有人热心为别人着想,同理心法则运用得好,则会拥有温暖的友谊和良好的人际关系。因此,学会替别人着想,多站在别人的立场上去考虑,而不要以恶意去揣度别人,这有助于我们在工作、生活的各个方面取得良好的效果。

商场为了留住一线品牌，提高自己的利润，通常会在季末的时候，给营业额排名前十位的供货代理商予以返利。不过返利的比例每年都有所不同，但始终在14%的上限和8%的下限间浮动，且以商场副总以上的领导签字的最终返利协议为准。

这一年，商场的财务人员高飞根据负责服装部的张总上半年签的协议，按照11.8%的返利与女装部的第一名结账。然而，结账之后，张总却将高飞叫到办公室，训斥其给的返利比例过高。高飞没有当场反驳，他知道，空口无凭。

出了办公室，高飞赶紧与对方联系，说明情况，并寻求协议的底根。对方火速派人将张总上半年亲笔签的协议找出，张总看到后，有些不好意思。事后，他夸奖了高飞的细心与办事稳妥。代理商由于此事获利丰厚，也十分感激高飞在其中的斡旋。

假如高飞在领导震怒之后，只是猜测领导这样做是否是在给自己穿小鞋，或是回想自己是否得罪过领导，或者充满怨气地想这是领导失职却把气撒在自己的身上，而不去解决问题，自然就对领导产生怨言，久而久之，工作也不再积极努力了。但高飞没有这么做，他积极地去解决问题，因为他运用了同理心法则来应对与领导的交流。毕竟商场的利润是大家所关心的，领导因为返利比例高而生气也是为了商场的获利着想，商场利润提高了，员工的福利自然也是水涨船高。如此去想，高飞岂有不积极解决问题之由？

同理心法则是心理学中的一条重要法则，作为情绪调控的一种能力和技巧，它体现了人际交往和为人处世的生活智慧和人生哲理。

倘若我们在人际交往中加以运用，将心比心地去认识问题、分析问题和解决问题，必然可以收获到良好的人际关系和豁达的心态，促进现代社会的和谐发展。

消除因偏见产生的情绪问题

心理学家曾做过一个实验，主题为"我们大脑中的先验假设能够对我们的日常推理造成多大的影响"。实验中，他召集一些人，将他们带到一间办公室，并告诉他们在此等待参加一项学术研究计划。过一段时间叫他们出来，询问是否记得办公室里有哪些东西。许多人表示并没有注意，但当让他们进行选择的时候，无一例外都选择了"书"。其实办公室里根本没有书，他们并没有将注意力集中在办公室的物品上，只是想当然地以为既然是办公室就肯定有书——这就是生活经验积累的心理定式。

当被研究者没有刻意留意时，认为学术研究机构的办公室当然会有书——这是依据经验和固定常识的必然推理。依靠之前生活积累的先验假设经验进行推理，往往会形成心理定式。所谓心理定式指的是一个人在一定的时间内所形成的一种具有一定倾向性的心理趋势。即一个人在其先验假设或过去已有经验的影响下，心理上通常会处于一种准备的状态，从而使其认识问题、解决问题带有一定的倾向性与专注性。这其实是一种个人经验所形成的偏见。

偏见的存在对于问题的产生和解决都有很大的负面影响，并且很多偏见会将我们的情绪引向不好的方面。

通常的偏见分为以下几类：

类型	定义
证实偏见	按自己的思路去寻找那些能证明他们的理论或判断的信息，而非去反驳自我判断
后见偏见	觉得过去的事情的结果正如他们原来所期望的一样
聚集性幻觉	感觉到实际上不存在的规律
近因效应	先后提供的两种信息，近期信息往往占优势
定锚偏见	最初的信息引导而形成的最初的信念，在人们做判断或评析问题的时候占据极大比重，无法融合新信息
过度自信偏见	以个人意愿为主，无视客观规律，盲目行动，拒绝改变

其中，用自身的经验贴标签、下评判，是各类偏见产生的主要原因。标签一旦形成，就会像习惯一样，比较顽固，而且很多人还没有意识到自己有贴标签这种行为。

现实生活中，由于偏见、心理定式的思维、自以为是，产生了许多误解和矛盾。

张明与女朋友相恋很多年，打算在今年结婚。然而就在结婚前夕，双方家长的意见出现了小小的分歧。

由于张明家庭条件一般，他跟岳父商量是否可以一切从简。岳父坚持按照当地的风俗，结婚要有三金（金项链、金戒指、金耳环），还要给一万元彩礼钱，不同意一切从简的提议。

后来经过东凑西借，张明终于把东西买齐了，不过心里也很恼怒，认为妻子的家人太不体谅自己。婚礼当天，岳父送给夫妻俩一个红包。想到自己父母的忙碌和操劳，对岳父不满的张明认为这是假惺惺，因筹备婚礼而累积的忙碌与疲惫化为怒气在这一瞬间爆发，于是他将红包扔在地上，不愿接受。后来在大家的安抚下，他才将红包捡起来。

待到婚礼结束，张明送完客人后打开红包，顿时羞愧难当：岳父给他的是一个 10 万元的存折。原来，岳父不是想从男方家捞钱，只是想让女儿按照当地的风俗嫁得风光些，让张明珍惜并善待自己的女儿。

偏见常常是由于运用心理定式判断和分析对象产生的，当人们对自己所推断的唯一可能性过分信任时，便会忽视存在的多种可能性，从而对事物或事件形成不公平的评价。

故事中的张明不但没有理解岳父的良苦用心，反而判定岳父给红包是"假惺惺"，很小的情绪酿成大矛盾，这种结果被美国著名心理学家桑戴克称之为"晕轮效应"（也称"光环效应"），这种效应犹如大风前的月晕逐步扩散，渐渐形成一个更大的光环。在认知方面，表现在人们的认识与判断只是从局部或表象出发，按照自己的理解去得出整体印象，形成认知偏差。

偏见一旦产生，很难消除，但我们可以进行有效的情绪评析与情绪调控。在日常生活与交际中，首先，应当学会细心观察，全面看待问题；其次，需要进行心理换位思考，理智看待问题；再次，应当正确认识自己，正视自己的问题；最后，加强自身的学习，弥补个人经验知识的局限导致的认知偏差。

尽管偏见很难完全消除，但通过以上几点的学习，至少可以减少它的发生。凡事不要受已有的框架与既有的判断的限制，应当培养发散思维，学会变通，从多个角度看待问题。只有以事实说话，偏见才会无所遁形。

培养你的加法思维

加法思维是人们形成正向思维的有利指导，推动人们从积极乐观的角度看待问题，看到自身所拥有的东西，当面临诸如不幸、压力、烦恼等不良情绪的困扰时，能够让我们感受到生活中的阳光。

加法思维是极为重要的思维方式之一，著名医学博士春山茂雄曾写过一本畅销书——《脑内革命》，其中的主要论点是鼓励人们在职场中进行加法思维的训练。比如，当你在公司加班时，要想这是公司离不开你的表现；被老板教训了，要想这是在考验自己的忍耐力和精神修养的时机……运用加法思维可以保持开阔的心境和愉快的情绪，有助于促进问题的顺利解决。

英国作家萨克雷曾说："生活好比一面镜子，你对它笑，它就笑；你对它哭，它就哭。"当我们将注意力集中到自己所经历的不幸、压力和烦恼上时，面对诸多失去的东西，心中必然感觉一片灰暗；但当我们将注意力转移到自己所拥有的东西上时，心情便会好转，可能收获许多意料之外的惊喜和感动。我们的心情指数和生活状况由我们自身看待问题的方式来决定，换言之，我们的生活由我们自己决定，而不是由客观环境决定。

科学研究发现，人们在运用加法思维的过程中，脑中会分泌出脑内吗啡，这是一种有利于身心的人体荷尔蒙，可以使人心情舒畅，保持最佳的精神状态；而在运用减法思维时，脑内则会分泌出有害的毒性荷尔蒙，破坏我们的身心健康。现代社会中患抑郁症的人越来越多，抑郁症甚至被世界卫生组织预言为人类"21世纪第三大疾病"。这在很大程度上是由于在减法思维的控制下心态不稳定所导致的。

有很多人，一生都在运用减法思维，当他 20 岁时，他认为自己失去了童年；当他 30 岁时，他认为自己失去了浪漫；当他 40 岁时，他认为自己失去了青春；当他 50 岁时，他认为自己失去了幻想；当他 60 岁时，他认为自己失去了健康。却偏偏不去把握当下，把握今天！

岁月的流逝必然带走许多属于我们的美好的东西，但同时也会给我们带来许多独特的体验和收获。试想，如果运用加法思维，去把握当下的美好，必然会有不同的心态：20 岁的自己正拥有令人羡慕的火热青春；30 岁的自己正当壮年，应当为自己的才干和经验而自豪；40 岁拥有成熟的人格魅力；50 岁因人生的丰富多彩而在精神上富足；60 岁的自己可以享受退休后的天伦之乐。这样，通过认识当下的加法思维，我们可以每一天都觉得很美好。同样是一生，运用减法思维，越减越少，导致生活充满危机与压力；而运用加法思维，越加越多，可以使自己保持满足与欢乐。

我们周边的环境从本质上说是中性的，是我们给它们加上了或积极或消极的价值，关键是你选择哪一种。加法思维正是从平凡的生活经历中获取积极的体验与幸福生活的关键。得到亦失去，失去亦得到，在分析问题、解决问题时选择加法思维方式，多看自己所得到的，少看自己所错失的，才能赢取良好的心态。

生活中的每一种不同的情绪，作为一种宝贵的人生体验，都丰富了我们的人生经历，可以引发我们思考，促进成长。因此，当我们要对自己的情绪经历进行评估时，不妨运用加法思维。同时应当认识到，加法思维虽与减法思维方式截然不同，然而加法思维包含着减法思维：用加法思维来构建积极乐观的态度，可以享受生活中的种种乐趣，强化正态效应；用减法思维去面对生活中的种种不如意，有助于淡化消极因素，减少消极、悲观、埋怨的情绪。当然，加法思维并不是一朝一夕可以简单完成的，它需要我们有意识地坚持锻炼，只有这样才可能在生活中培养出良好的心态，从而有利于良好情绪的形成。

第三章

状态不好时换件事做——情绪转移

换一个环境激发情绪

　　环境状况、思维、行为、生理反应、情绪是一个互相联系的整体，任何一方面的改变都会间接影响到其他方面。当外部环境状况发生变化，人处于情绪化状态时，大脑中会形成一个较强的兴奋点。此时如果回避相应的外部刺激，可以使这个兴奋点消失或是让给其他刺激，从而引起新的兴奋点。

　　所以，如果我们让自己的不良情绪从不愉快的环境中转移出来，兴奋中心一旦转移，也就摆脱了心理困境。

　　由于人的情绪总是具有情境性的，特定的情境与特定情绪反应之间有对应关系，当特定的情境出现时，就会引发特定的情绪反应。利用这一点，通过避开特定环境和相关人物，可以有意识地减少容易引发不良情绪的因素；同时，增加能够激起健康、积极情绪的因素，就能够很快缓解不良情绪刺激，从而理智地处理出现的问题。

我们换环境的关键是离开产生不良情绪的环境，如果你换了另外一个相似的环境，根本达不到预期的效果。当发生亲人去世或者失恋等事件时，悲伤、苦恼、懊悔都无济于事，只会令自己更加消沉。正确的做法是离开事发地点，切断不良刺激，平复受到创伤的情感。可以在亲友的陪同下离开地震发生的地点，避开与过世亲人联系紧密的环境、物品等。失恋的人应该注意避开曾经与恋人相识相聚的场合，以免引发消极情绪。

离开原来的环境只是消极地避开不良情绪刺激，并不能从根本上解决问题。人的思维总是不受控制，如果刻意去忘记一件事反而会在脑海中不断地回想这件事，寂寞的时候尤其是这样。要让情绪尽快好转，必须尽可能地去寻求一种全新的、具有感染力的、能够唤起完全不同的情感的环境。通过融入新的环境中获得新的乐趣时，烦恼、失落等不良情绪自然会不见踪影。

那么，如何选择替代环境？一般说来，想让烦躁的心情平静下来，可以选择幽静的咖啡厅、书吧或者小树林；想让低落的心情高涨起来，可以去参加聚会，或是去热闹的电影院看场喜剧，听一场亢奋的音乐会，看一场激烈的球类比赛等；想让压抑的情绪释放出来，可以去欣赏自然风光，去野外爬山，去步行街购物，或者是去健身房锻炼，通过环境的转变来改善不良情绪。

在选择替代环境的时候还需要注意选择环境的颜色。先来看以下几种颜色及其特性的简单对应关系：

颜色	象征	积极作用	消极作用
红色	热情、振奋	促使血液循环、使人精神振奋	久看易导致情绪急躁，易激动
绿色	生机、活力	艳丽、舒适，具有镇静神经的作用，自然界的绿色对疲劳、恶心以及消极情绪有一定的舒缓作用	久看易使人感到冷清，影响消化吸收，食欲减退
粉色	温柔、甜美	使人的肾上腺激素分泌减少，镇静与缓解情绪；缓解孤独症、精神压抑症状	无
黄色	健康	对健康者有稳定情绪、增进食欲的作用	对情绪压抑、悲观失望者会加重不良情绪
黑色	庄重与肃静	对激动、烦躁、失眠、惊恐等起安定的作用	情绪压抑、悲观失望者会加重这种不良情绪
白色	纯洁与神圣	对易动怒的人可起调节作用	患孤独症、精神忧郁症的患者会加重病情
蓝色	宁静与想象	具有调节神经、镇静安神的作用	患有精神衰弱、忧郁症的人会加重病情

　　不同的颜色会引发不同的心情。如果忽略了对色彩空间的选择，将难以收到理想的效果。色彩与人们的生活密不可分，它一边美化生活，一边也对人们的情绪产生直接或间接的影响。合理地选择适当的色彩空间，将能更轻易地走出情绪困扰，收到"移情易性"的效果，这就是色彩的巨大功效。

古老中医的神奇情绪疗法

根据传统中医理论，人有七情，即喜、怒、忧、思、悲、恐、惊七种情志活动，正常的七情活动并不影响人体健康，反而能调节人体自身平衡。但若太过或不及都会导致情绪问题，继而引发各种身心疾病。针对七情太过引发的疾病，可以根据五行制胜的原理来治疗。

具体来说，就是利用不同情绪之间相互制约、影响的关系，通过有目的地激发某种性质的情绪变化，来调控、治疗另一种变化强度过大的情绪，使即将被破坏的机体平衡得以恢复，这就是以情胜情疗法。依据《黄帝内经·素问》中所言，有"悲胜怒，怒胜思，思胜恐，恐胜喜，喜胜悲"等疗法。

各种情绪相互影响、制约，所以又称反向情绪转移疗法。如"悲胜怒"，即发现存在愤怒的不良情绪时，有意识地采用行动去激发悲伤的情绪，用悲伤去压制和调整愤怒，从而达到改善身心的目的。这种方法起源于我国传统中医，是世界上一种独特的心理治疗方法，在我国古代有着极其广泛的应用。以下对各种以情胜情疗法进行具体解释：

1. 以喜胜悲疗法

喜为心之志。喜在正常情况下能缓和紧张情绪，使心情舒畅气血和缓。如果使陷入悲痛情绪的人产生欢喜的情绪，就能战胜悲伤抑郁的情绪，而使其轻松愉快，精神奋发向上。

清代有一位巡按大人，终日愁眉苦脸。几经治疗，终不见效，病情日渐加重。经人举荐，名医前往诊治。名医望闻问切后，对巡按大人说："你得的是月经不调症，调养调养就好了。"巡按大人听了捧腹大笑，说道："这是什么名医，我堂堂男子焉能'月经不调'，真是荒唐到了极点。"自此后，每回忆起此事就大笑一番，乐而不止，久而久之，病也好了。一年之后，名医又与巡按大人相遇，这才对他说："君昔日所患之病是'郁则气结'，并无良药，但如果心情愉快，笑口常开，气则疏结通达，便能不治而愈。"巡按大人恍然大悟，连连道谢。

2. 以悲胜怒疗法

发怒是人们的欲望和需求受到遏抑，郁怒之火向外发泄的一种表现。这里运用的是"悲则气消"的原理，它是指使盛怒者产生悲哀、恻隐之心，用以收摄其怒气，使其体内气机得以平衡，以利于身心康复。

《三国演义》中"三气周瑜"的故事家喻户晓，一气周瑜：诸葛亮抢先拿下荆州。二气周瑜：诸葛亮用计使周瑜"赔了夫人又折兵"。三气周瑜：周瑜向刘备讨还荆州不利，又率兵攻打失败，周瑜一怒叹道"既生瑜，何生亮"后吐血而亡。

这个故事中，诸葛亮深知周瑜气量小，略施小计三气激怒，而致暴怒伤肝，肝气上逆喷血而去。假若此时周瑜家出现悲伤之事，也许周瑜不会英年早逝。

3. 以怒胜思疗法

思虑过度则可导致气结，忧愁不解容易意志消沉，过于惊恐会胆虚气怯，等等，运用"怒则气上"的原理，适当发怒可治愈上述阴性的情志病变，使阴阳气血平衡，可以恢复心脾神气的功能。

太守忧虑过度，大病不治，家人延请华佗，华佗诊断后故意索要重金才肯治疗。太守家人无奈付出重金，谁知华佗一拖再拖，最后竟不辞而别，留下书信一封大骂太守。太守大怒，立刻派人追捕华佗。太守的儿子知道华佗用意，暗暗叮嘱家人不要去抓华佗。太守听说抓不到华佗，更加怒气冲天，一气之下，呕出几口黑血。不想这一呕，病反而好了。

4. 以思胜恐疗法

恐是一种胆怯惧怕的心理。运用"思则气结"的原理，当人恐惧时，可以引导其对有关事物进行思考，治疗因惊恐导致的形神不安。思考能够收敛涣散之神气，调控情志平衡，促进身心康复。这与西方的认知疗法有类似之处。

5. 以恐胜喜疗法

喜可以缓解紧张情绪，但喜乐过极则损伤心神，导致心的病变。运用"恐则气下"的原理，面对狂喜之人，以适当的手段，使其产生恐惧心理，收敛耗散的心神，以助于恢复心神。

清代名医徐灵治疗新中状元因喜伤心的病，也是采取以恐胜喜法。徐灵对他说："病不可为也，七日必死。"那状元受了惊吓，冷静下来，过喜之情得到缓解，只七天病就好了。

以情胜情疗法经过千百年的实践，被证明是行之有效的情绪转移法。遭遇不良情绪时，不妨利用以情胜情法转移心理困境，调理、平衡阴阳，达到身心健康的目的。但要注意具体问题具体分析，不能生搬硬套，否则只会增加新的不良刺激。《黄帝内经》中有句话说得好"精神内守，病安从来"，只有正确对待生活，理智从容地对待身边的人和事，才能保持一个良好的心态，健康长寿。

给情绪注满鲜活的泉水

很多人都曾有过这样的感觉：曾经得之不易、充满挑战的工作变得寡然无味，毫无乐趣；曾经心心念念、形影不离的爱人再也激不起情感的涟漪，当初的悸动消失得无影无踪；就连曾经最热衷的娱乐活动也不能带来当初的那份快乐。

这就是心理学上的"情绪枯竭"，多产生于心理饱和。"心理饱和"则是指人心理的承受力到了临界值，不能再承受任何的情绪，就是人们常说的厌烦。认为自己所有的情绪资源都已耗尽，情绪的感觉已经干枯，非常疲惫。

心理饱和现象随处可见，且多为负面效应。

在工作中表现为工作压力大，缺乏热情、动力和创新能力，容易产生挫折感、紧张感，甚至对工作有抵触情绪。这是由于长期处于高压的工作环境中，巨大的工作量和高度的重复性，使人对工作产生了机械性反应，很多职场白领都有这种状态，这很容易导致情绪枯竭。目前，世界各国都把情绪枯竭作为工作倦怠的第一大表现和诱因。如前面提到的工作热情因每天的重复而逐渐减少。

爱情也会饱和，婚后夫妻二人天天厮守，从新鲜到平淡，神秘感一点点地消失，生活慢慢变得平淡乏味，于是彼此开始厌倦，言语不合而互相伤害，甚至由于内心空虚而发展了婚外情。那些目标高远的完美主义者、工作狂最容易出现这种问题，他们目标感强，精力旺盛，取得的成就多，自信心很强，但过分投入就容易心理饱和。明星看上去风光无限，时刻吸引众人目光，但无休止的演出、应酬、宣传也耗尽了那份对艺术的热爱，于是开始厌倦，不再小心翼翼地顾及形象，负面报道铺天盖地，等等，这些都是心理过于饱和的表现。

心理饱和是一种危害很大的心理困境，会吞噬人们的精力与热情，让人失去继续奋斗的动力，生活的目标也被其抹杀，对自身的身心健康产生威胁。

那么，如何摆脱这种困境呢？

对于情绪枯竭者，可以采用多种情绪转移法。例如，当开始厌倦每天重复性的工作时，可以依据性格和爱好，来充实自己的业余生活，比如说看电影、散步、游泳、旅游、读书等，转移注意力，缓解厌烦情绪，从而避免产生单调、消极的情绪。除此以外，还可以主动寻找工作中新的挑战和乐趣，这需要完全进入工作状态之后才会体验到，相比一些业余的兴趣爱好更能培养职业情感，从而预防心理饱和。

如同在一间漆黑的屋子里，什么都看不到，让人恐惧，也让人无奈。这时候如果有阳光照射进来，一切都会明朗。情绪转移就是那束射进漆黑房间的阳光，将积极的、健康的正面情绪带进来，减弱和消除原有的负面情绪，从而恢复与平衡其内心的情绪能量。

化解情绪枯竭需要很多办法协同配合，才能发挥出最好的效果。要寻找多种不良情绪的宣泄途径，积极培养生活乐趣，不断引进新鲜、积极的外界刺激，彻底远离情绪枯竭的烦恼。

疲惫时，和工作暂时告别

如果用一个字来形容现在的生活，你会选择哪个？大部分人选择了"忙"和"累"。社会发展的脚步越来越快，竞争也越来越激烈，这让很多人情绪负荷超标。当我们遇到这种情况时应该怎么办呢？小孩子会很干脆地回答"休息啊"，这时家长就会在一旁苦笑：休息，谁来赚钱？没有钱吃什么、喝什么？但是仔细想想，孩子的话并没有错，累了当然要休息。

从前在浩渺的大西洋中有一座小岛，小岛不大，但是差不多位于大洋中心。这个小岛是很多候鸟迁移时的中转站，是候鸟群们疲倦时休息的落脚点。在这里，它们稍稍休息，摆脱旅途中的疲惫，积蓄力量重新踏上征途。

鸟儿们寻找的是一个可以释放自己疲惫的"安全岛"，当你情绪负荷过重的时候，你找过自己的"安全岛"吗？环视一下，大家下班愈来愈晚，回家愈来愈晚，不停地加班加点，不但身体上受不了，情绪也很低落。夜深了终于可以好好休息一下，但是天亮以后又要开始循环，周而复始。

大家都知道，现在电脑是我们最亲密的伙伴，有的人跟电脑在一起的时间比跟恋人在一起的时间还长。可曾想过电脑也很累，早上开机开始工作，午饭时还要担任联络员，下午继续工作，晚上遇到加班还要奋战，就这样白天黑夜超负荷运转，没有休息的时间。

但是它一旦死机，恐怕就得更新换代了。机器尚且这样，更何况人的血肉之躯呢？

俗话说："不会休息的人就不会工作。"每天不知疲倦地工作，效率并不一定高，长期下去疲惫的心灵和身体反而可能拖累了你，身体素质下降，生活质量也会随之下降。累了就休息，要学会享受生活，具体可以从以下几方面入手：

1. 不要事事追求完美

维纳斯的雕像有一双断臂，这样的瑕疵也是一种美，而且正是这种残缺的美深深地打动了人们。生活中因为刻意追求完美而让自己处于紧张的状态是完全没有必要的。试想每天把自己绷得像一根橡皮筋，时间长了，它也就不再有弹性。

要接受人生的不完满。完美是一种理想的状态，是闪闪发光的金字塔的最顶端，是每个人追求的目标，有了它，生活才充满希望。事事都完美了，生活就没有意义了，因此大家应该允许不完美的存在，那说明生活还有发展的空间、进步的潜力。

2. 要懂得舍得

舍得，舍得，有舍才会有得，不去舍弃一些东西，怎么会得到更多？有些人得失心太重，想要的东西太多，以至于完全没有意识到自己的身体亮了红灯，情绪已经病态。

眼光要长远一些，不必太过计较得失，如果累了、倦了，这一单生意不做了，给自己放个假，出去玩玩，回来后以更加饱满的精神和昂扬的斗志投入到工作中去，收获未必会小。

3. 学会忙里偷闲

当工作成为一种习惯，我们想要抽身离开，休息一会儿也并非易事。这个时候就要强迫自己出去散散心，看看错过的春华秋实；听听音乐，洗涤一下心灵；又或者享受一顿美食。暂时把自己从繁忙的事务中解脱出来，感受一下另一种气息，也许你会有新的发现，也许蓦然回首时那个萦绕在你心头的问题已经有了解决的方法。

学会从繁忙的工作中抽身，也就大大减小了情绪疾病产生的可能性。有的时候，休息和工作之间并不矛盾，懂得休息，才能以更加饱满的精神面对工作，你的工作效率才会高。

第四章

消极情绪的积极评估——情绪转化

发掘负面情绪的价值

每个人都会遇到令自己沮丧的事情，从失意中挖掘快乐，这是人们对待负面情绪的最有效的方法。看似枯燥苦涩的生活中总是隐含着快乐。快乐和痛苦总是相互转化的，面对困境，如果能换个角度看问题，就会发现别有洞天。

咨询人："上个月女朋友和我分手了，我感到极度自卑，为什么没有女孩愿意跟我在一起？我一直不能从这种阴影中走出来，觉得自己已经到了绝望的边缘。"

咨询师："这确实是一件令人伤心的事，但你有没有想过单身的好处呢？"

咨询人："好处？到目前为止还没有发现。"

咨询师："你正好有了跟自己独处的时间，抛开那个女孩离开你的原因，但她的离开至少证明了一点，就是你们不合适，所谓强扭的瓜不甜就是这个道理。没有女朋友会有很多自由，你可以有大把的时间用于工作，为自己充电。在异性眼中，认真工作的人最具魅力。你还可以毫无顾忌地和朋友聚会挽回曾经冷落的友情，为父母家人多尽一点儿孝心，或者从事一些公益活动来分散自己的精力，总之只要尽量让自己变得热情、值得信赖，你就会吸引到更值得你去珍惜呵护的女孩。"

失恋本身是件很糟糕的事，但是在咨询师的开导下，似乎失恋也很不错，还能带来不少机遇。深层挖掘事件的积极意义是人们对待负面情绪的三种态度之一，又叫积极应对型。另外还有两种态度，分别是压抑型和放任型。

积极应对型，在出现负面情绪时，首先承认其产生的合理性，坦然接受它。然后冷静分析情况，寻找问题产生的原因，对症下药，找到关键所在，运用心理学知识进一步将负面情绪转化为积极情绪。

压抑型，顾名思义，习惯把不良情绪隐藏起来。其原因有二：一是认为一个理性成熟的人不会也不应该产生负面情绪，所以就极力压制，似乎这样才能塑造理性成熟的形象；二是面对负面情绪时感到恐惧，担心任其发展下去，情况会非常糟糕，一发不可收拾，甚至产生无法预测的后果，因而努力地压抑，装作什么事都没有发生。但是，没有表现出来的情绪，并不表示不存在，被压制的情绪依旧会对自身的心理造成伤害。

放任型，与压抑型相反，当负面情绪产生时，不加以任何引导控制，任由其发展。放任的情绪会牵制自身的思想、感受和行为，对自身的心理状态和人际关系造成负面影响。更严重的是因一时冲动，造成生命、财产的损失，追悔莫及。

　　比较之后可以发现，深层挖掘事件的积极意义是面对负面情绪最有效也是最理智的方法。其实，人们之所以会陷入负面情绪中，是因为在面对困境时，人们只看到了其负面意义，也就是将所有的精力都集中在了苦涩的现实上。随着这些思想的膨胀，人们也渐渐感到窒息。这时只要让自己的视线转移角度，就会发现绝望中也有希望的身影，苦涩中也有甘甜的滋味，如此这般，便会收获完全不同的结果。

　　它阐述了这样一种理念，即负面情绪其实是一种具有很高能量的激情，或者说是情绪资源。如果能正确地认识它们，并加以有效地引导和利用，转化成正面情绪，会带来强大的积极效果。

　　通过下面这个表格，我们能获取一些具体方法。

最初的想法	挖掘事件的积极意义
这件事难度太大了，我不可能完成	这件事难度太大了，但我可以完成，因为……
这个客户问题很多，我简直应付不了	这个客户问题很多，但我应付得了，因为……
这个考试时间非常紧，我不可能通过	这个考试时间非常紧，但我有可能通过，因为……
面试官太刁难了，我发挥得不好	面试官太刁难了，但我发挥得很好，因为……
这次竞争很激烈，我几乎没有胜算	这次竞争很激烈，但我很有信心，因为……

左边是大多数人都会面对的心理困境，右边则是运用我们所说的积极的方法对各种问题进行的相应的心理暗示，改装之后的句子虽然客观条件没有发生任何变化，但原有的负面情绪却会大大减弱，希望之光在字里行间若隐若现。

换个角度看问题

　　我们所处的这个世界时刻都在发生着变化。成功与失败，真理与谬论不再一成不变；积极与消极，时尚与落伍也不再界限清晰；有序与无序，公正与邪恶在不同环境中不再有绝对的标准，这是一个变通的世界。这些都要求我们抛弃绝对的、一成不变的认识习惯，转而运用非僵化的、非绝对的、变通的思维来认识与应对这个世界。

　　这种思维方式被称为"合理变通"。它是一种重要的心理调适方法，主张由个体通过完成对外部信息接收的角度和强度的转换，或对原有心理认知进行重组、升华之后予以整合，从而达到外部刺激与心理认知互为进退、协调统一的目的。通俗地说，一个人的情绪和心理状态就如一根弹簧，有伸有缩，如果外界刺激过强，弹簧绷得太紧，就会因为失去弹力而陷入危险的境地，这时就需要有针对地调整心态，让弹簧收缩到正常的范围内，及时释放心理空间，以避免心理矛盾冲突激化所造成的不良情绪。

　　合理变通有以下几种主要方式：

1. 升华法

人们的心理问题长期不能解决，往往与他们的消极心理认知有关。如何克服消极心理认知，有效的方法是进行心理位移。用一种全新的、积极的、为更多人所接受并认可的心理认知代替旧有的心理认知，这就是心理升华法。认识其中蕴含着的积极因素，作为个人拼搏奋斗、积极面对现实的动力和契机。

2. 回避法

外部环境、行为、心理反应、情绪、思维是一个互相影响的系统，通过改变来自外界的环境刺激可以有效地影响自身情绪。这里的回避就是指尽可能躲开导致心理困境的外部刺激。除了转换外部环境，还可以转换注意力，通过主观努力来影响情绪。比如，停下正在从事的活动，转而进行一项需要全身心投入的球类运动来实现大脑中兴奋中心的转移。注意力转移是非常简单易行的主观回避法。

3. 幽默法

所谓剑走偏锋，出奇制胜，很多时候，艰涩、严谨的理论知识不能解决的矛盾，运用自嘲、嬉笑等幽默法却可以迅速地化解。如在电影《当幸福来敲门》中，男主角克里斯·加德纳穿着刷漆时的工作服参加面试，面试官尽管很满意但仍旧抛给他一个问题："如果我雇用了一个没有穿着衬衫走进来的人，你会怎么说？"克里斯的回答堪称经典："他一定穿了一条很考究的裤子。"适时适度的幽默有时是摆脱困境的法宝。

4. 转视法

必须认识到，任何事物都有积极和消极两个方面，而且这两个方面可以互相转化。最浓重的黑暗往往出现在黎明之前，弹簧被压缩到的最低点通常就是反弹的起点。在审视、评价某一客观现实时，要学会转换视角。在情绪低落的时候，更要主动转换思维，使消极情绪转化为积极情绪，摆脱心理困境。

5. 自慰法

自我安慰在调节心理平衡方面非常有效。当一切结束的时候，面对现实总是比垂头丧气要好。其实，很多时候事情并不是多么糟糕，尽量少用"为什么"式的反问语句，转而使用"还好我不是……"开头的陈述句，情绪的转变就在一念之间。理性的自我安慰可以化解不少心理障碍，如同《伊索寓言》中那只没有吃到葡萄只吃到柠檬的聪明狐狸，它说"葡萄是酸的，但柠檬是甜的"。

6. 补偿法

人生不如意十之八九，不是所有的目标都能完成，当走不下去的时候，就是该转弯的时候。人们总是会因为一些内在或外在的障碍导致最佳目标动机受挫，继而引发不良情绪。这时需要采取各种方法来进行弥补，用以减轻、消除心理困扰。这在心理学上称为补偿作用，即目标实现受挫时，通过更替原来的行动目标，求得长远价值目标的一种心理调适方式。

补偿作用有两种：一种补偿是用一个新的目标来代替原来失败的目标，即通常所说的当上帝关上一扇门的时候，一定会为你打开一扇窗；另一种补偿则是通过努力，使自身弱点得到补救，达到原来的目标。

通过合理变通法，可以将不良情境或不良情绪进行有效的转化，使它们朝着健康、积极的方向发展。当遭遇不幸时，可以试着这样想：不幸能使我们调转方向，看到世界的另一处风景，而顺利只能让我们领略到一处风景。

"ACT"疗法助你接受现实

关于解脱心理困境，美国曾出现过两波浪潮，分别是第一波的"行为疗法"和第二波的"认知疗法"。这里要介绍的是目前正在风靡全球的第三波"接受与实现疗法"，也就是"ACT"疗法。

这种新疗法不同于以往，在面对不良情绪与心理困境时它不再强调回避和遗忘，而是主张拥抱痛苦，树立一个信念——"幸福不是人生的常态"，然后在接受现实的基础上建立和实现自己的价值观。接受与实现疗法的主要观点是：当人们竭力想控制自己的思维的时候，就很难去考虑生命中真正的大事。这里提到的"大事"就是个体的价值存在，包括为什么存在和存在的意义。

接受与实现疗法的理论认为，过多地关注负面情绪，只会让人更难从痛苦的深渊中解脱出来。这好比人们刻意去忘记一件事，反而会不自觉地增加对这件事的印象。不要盲目跟负面情绪做斗争，也不要回避痛苦，因为痛苦也是生活的一部分。人们应该把精力集中在确立自己的价值观并竭力去实现它的过程中。

接受与实现疗法是一种不同于认知疗法的新理论。认知疗法所坚持的长期治疗策略就是攻击并且最终改变否定性思维，而不是接受它们。比如，当患者表达这样的想法："我的工作真是一团糟""每个人都在看着我的大肚子"时，认知疗法治疗师会质疑这些想法："你真的总是把工作搞得一团糟吗，还是你总是对自己要求很高？真的是所有人都盯着你的肚子吗，还是你自己太在乎别人对你的看法？"认知疗法的基本理念是帮助病人建立更为现实、更容易被接受、更为积极的新理念。

对比之下，接受与实现疗法并不注重如何操纵人们思考的内容，而是更注重如何改变人们的思维观念，即矫正人们看待问题的思维和情感方式。你认为别人老是盯着你的肚子？也许事实是这样，也许你的肚子确实很大；也许不是这样，只是你对自己太过苛求罢了。

具体说来，接受与实现疗法有两大步骤：

1. 与其忘记，不如先接受消极心理

接受与实现疗法认为，当我们试图赶走痛苦时，很可能会适得其反，就好像人们越是告诫自己忘掉某个片段，反而印象越是深刻一样，不合理的自我暗示是一种折磨我们的力量。应该承认，人的一生中不可避免地存在消极的想法。它似乎与生俱来，人们与其浪费那么多的时间与根本不可能战胜的消极想法做斗争，不如用那些精力追求自己的人生价值。当有一天，自己愿意接受消极的想法时，就会发现自己更容易看出生命的方向。因此，所做的不是试图挑战所遇到的种种消极心理，而是试图削弱这些消极心理的力量。

2. 积极规划人生的意义

削弱消极心理之后的下一步就是委托、找到个人生存的价值，提升生命质量的途径。这是接受与实现疗法最为重要的步骤与核心内容。

看看我们身边，不少人每天忙忙碌碌，其实孤独又脆弱，他们总是在奔波中迷失了自己的方向。针对这个问题，接受与实现疗法的专家通过发掘人们内心的渴望来帮助迷失的人们找回自信。具体的办法就是让他们为自己写墓志铭，让他们对自己进行客观的评价。这种评价中往往还夹杂着对自己的期望和对人生的规划，意识到人生中有什么事情是必须要完成的，最终认识到自己所追求的事物的价值。

积极的后悔才可能产生积极的情绪

人生一世，花开一季，谁都想让此生了无遗憾，谁都想让自己所做的每一件事都永远正确，从而达到自己预期的目的。可这只能是一种美好的幻想，人不可能不做错事，不可能不走弯路。做了错事，走了弯路都会让我们或多或少地错过一些美好事物。这个时候难免会有一种后悔的情绪。有后悔情绪是很正常的，它能让我们的情绪保持平稳而不亢奋，而且这是一种自我反省，是自我解剖的前奏曲，正因为有了这种"积极的后悔"，我们才会在以后的人生之路上走得更好、更稳。

但是，如果你后悔不已，或羞愧万分，一蹶不振；或自惭形秒，自暴自弃，那么你的这种做法就是蠢人之举了。要知道人生没有返程票，世上亦没有后悔药。

但还是有许多年轻人生活在悔恨的阴影里。他们简直成了一台名副其实的悔恨机器。对于我们来讲，悔恨的形成有其深刻的社会根源。其主要原因在于：如果你不感到悔恨，就会被人看作是"缺乏良知"；如果不感到内疚，就会被人认为是"不近情理"。这一切都涉及你是否关心他人。如果你确实关心某人或某事，那么显示你的关心的方法就是为自己所做的错事感到悔恨，或者对其将来感到关注。这无异于表明，如果你是一个有责任感的人，就必须表现出神经机能性病的症状。

在各种误区中，悔恨是最为无益的，它无疑是在浪费你的情感。悔恨是你在现实中由于过去的事情而产生的惰性。然而，时光一去不复返，无论你怎样悔恨，已经发生的事情是无法挽回的。

在这里，我们有必要指出，悔恨与吸取教训是存在很大区别的：悔恨不仅仅是对往事的关注，而且是过去某件事情产生的现时惰性。这种惰性范围很广，其中包括一般的心烦意乱直至极度的情绪消沉。假如你是在吸取过去的教训，并决意不再重蹈覆辙，这就不是一种消极悔恨。但是，如果你由于自己过去的某种行为而到现在都无法积极地生活，那就变成了一种消极的悔恨了。

吸取教训是一种健康有益的做法，也是我们每个人不断取得进步与发展的必要环节。悔恨则是一种不健康的心理，它白白浪费自己目前的精力。这种行为既没有好处，又有损身心健康。实际上，仅靠悔恨是绝不能解决任何问题的。我们不应该让自己陷入无尽的悔恨当中。

其实，令人后悔的事情，在生活中经常出现。许多事情做了后悔，不做也后悔；许多人遇到了要后悔，错过了更后悔；许多话说出来后悔，不说出来也后悔……人的遗憾与后悔情绪仿佛是与生俱来的，正像苦难伴随生命的始终一样，遗憾与悔恨也与生命同在。

　　必须接受和适应那些不可避免的事情，这不是很容易学会的一课。错过了就别后悔，后悔不能改变现实，只会消弭未来的美好，给未来的生活增添阴影。要是得不到我们希望的东西，最好不要让忧虑和悔恨来打扰我们的生活，且让我们原谅自己，学得豁达一点。

第五章

别让不良情绪毁了你——情绪调控

以目标的形式改进情绪问题

人类之所以能够摆脱原始的动物性，创造文明世界，是因为人类有自我控制情绪和行为的能力。控制自己的不健康的负面情绪并将其转换为健康的负面情绪是自控能力的重要体现。

情绪的产生具有偶然性。因为人所处的环境是不断变化的，身边发生的事情也是随机的，导致情绪的刺激源也是偶发性的。情绪的产生又具有必然性。因为人的情绪模式已经形成，在出现相同的刺激源时，情绪模式会以极快的速度开启并做出反应，导致了必然的结果。由此可见，要做到自我情绪控制必然要先了解自己的情绪模式，这一过程可以分解为两个具体步骤——发现情绪问题、订立改进目标。

步骤一，发现情绪问题。我们对情绪问题的定义主要集中在不健康的负面情绪方面。我们的重点观察对象为不健康的负面情绪产生的环境类型，诱发不健康的负面情绪的原因及不健康的负面情绪导致的非建设性的行为。

发现自我的情绪问题可以是方方面面的，例如：

公司过几天要进行中层干部竞聘上岗了，你认为自己不如那些年资相仿的竞争对手，这让你焦虑不安，使你整整一星期都在准备竞聘材料和演说词。

女儿学习成绩又下降了，你认为这都是因为自己忙于工作很少管她。因此感到很内疚，但又无计可施，只能在深夜拼命地喝酒。

当同一办公室的女同事穿了新衣服得到同事夸奖时，你会认为自己身材臃肿，穿什么都不好看，就会感到抑郁，逃避和这位女同事正面接触的机会。

当爱人承诺自己一件事情结果却食言的时候，你会觉得他不爱自己。感到受到了伤害，对婚姻很无望，继而会展开持续数天的家庭冷战。

情绪模式的形成是日积月累的，不健康的负面情绪的诱因总是反复出现。而在同样的诱因下，人们很可能会遇到同样的现实问题的困扰，产生相似的不健康的负面情绪，随之而来的就是采取相似的非建设性的行为或是"意愿中"的行为去解决问题。尽管每次的表现形式或许会有差别，但是作为一种模式，这种连锁反应被固定了下来。

步骤二，订立改进目标。清楚地察觉了自己的情绪模式问题后就可以着手订立解决问题的改进目标。在此过程中，我们需要克服自身的心理问题，将不健康的负面情绪转换为健康的负面情绪；在结果上，力求用建设性的行为替代非建设性的行为。

继续本文上面的例子，我们可以如此设定目标：

公司过几天要进行中层干部竞聘上岗了，你希望自己能够为此担心而不是焦虑，那么，就要尽量充分地准备竞聘材料。你的现实目标是尽自己最大的能力去参与，成功与否都权当学习。

女儿学习成绩又下降了，你希望感到懊悔而不是内疚，那么，就要积极寻找平衡工作和家庭的方法而不是酗酒。你的现实目标是增强自己平衡工作与家庭关系的能力。

当爱人承诺自己一件事情却食言的时候，你希望感到悲哀而不是受伤，那么，就要耐心询问他食言的原因是什么，并尽量体谅他的难处。你的现实目标是放宽心胸，培养和谐的家庭关系。

发现情绪问题和订立改进目标二者之间是相辅相成、缺一不可的关系，下面的图表能够更加直观地显示这一关系：

情绪诱因	受到同事指责
面临的困境	认为同事不尊重我
不健康的负面情绪	我感到极度愤怒
非建设性行为	立刻反唇相讥，揭露对方短处
建设性行为	接受批评并询问对方自己错在何处
目标	正视批评，提高自我

在设定改进目标的过程中应当注意以下两点：一是量体裁衣，制订适合自己的目标。在订立目标时切忌好大喜功，以希望的形式

而不是必需的形式要求自己，避免增加自己的心理负担；二是做好未能完成既定目标的心理准备。冰冻三尺非一日之寒，情绪模式的形成是一个日积月累的过程，改变它也非一朝一夕能够完成的任务。

相信只要不断尝试，就能够越来越接近目标，即便目标未能达到，也要以一颗平常心对待它。

不要被小事拖入情绪低谷

工作中，使人分心的原因有很多，如，发生突发状况，本来自己已经计划好了工作程序和工作时间，然而正当自己准备开始有条不紊地工作的时候，发生了一些突发状况，打乱了自己的计划，使工作不得不延期。此时，人的情绪就会十分低落，产生强烈的挫败感。

童先生在某公司任职，工作时总是无法集中精力，这个问题一直困扰着他，造成他的工作效率很低。于是，他向心理专家求助。专家对他的生活工作情况了解分析后得出结论，使童先生分心的原因就是嘈杂的工作环境。他们公司的人说话的声音很大，同时进出他办公室的人也非常多，而且十分频繁，这样就使得童先生无法集中思考。对此专家给他提出了一些建议。比如，在思考问题时，可以选择一个比较安静的地方，例如会议室、图书馆或是在市郊的公寓里。这些地方都有助于集中精力，思考问题。如果寻找这些地方不是很容易，也可以在办公室的门上悬挂一张"勿扰"的警示牌。

不仅是童先生，我们每个人在工作中都会遇到相似的问题。这些干扰，不仅会影响你的情绪，也会使你的工作效率降低。所以，干扰已经成为困扰工作人士的一个十分普遍且棘手的问题。

根据调查显示，办公室内干扰的另一大因素是纸张泛滥成灾。在政府机关、事业单位里这种问题尤为突出。到处都是文件、书籍、报告等文本，其中大多数都是无用的纸张。这些纸张在填满办公室的同时，也将你的视野填满，使你的视野变得狭窄，情绪也会随之变糟。

办公室内嘈杂的环境、同事的大声喧哗、老板的呵斥声，等等，这些都会影响情绪。可以用以下方法排除琐事对情绪的干扰：

1.清理你的办公室

如果你的办公室里也被各种纸张填满，那么你应该尽快将它们整理一下，可以先将有用的部分挑选出来，再将特别重要但不常用的资料保存起来，而将常用的且相对重要的文件放在容易看到的地方。至于短时间内无法翻阅的书籍就要放入抽屉或是柜子里，等有时间时再浏览。最后就可以将挑选剩下的纸张捆扎起来扔掉或是卖掉了。这样不仅能更好地利用办公室的空间，也可以开阔你的视野，使得心情舒畅。

2.换个新环境

面对嘈杂的办公环境，应该学会自我调整，逐渐摆脱影响情绪以及干扰你工作的各种不利因素，同时也要找到适合自己的解决方法。比如可以尝试换一个安静的环境，选择图书馆，或是咖啡厅等人比较少且安静的地方。如果条件允许，最好可以回家工作，或许会收到意想不到的效果。

3. 利用信念，学会习惯

经理、主管等人，他们是无法挑选自己的工作环境的，同时每天还要完成大量的工作，而且还要管理下属，奖惩他人，与老板沟通，应付难缠的顾客，评估员工的表现，等等。这些工作都会使他们的情绪产生波动。那么此时，就要学会利用自己坚强的信念来控制自己的情绪，并慢慢地习惯这些状况以及恶劣的工作环境。俗话说习惯成自然，即当你习惯以后，这些情况就会成为你工作中的一部分，它们自然就不会对你产生压力。正如有些人打呼噜，但是他们的爱人依然可以酣睡如常。

身边的琐事每时每刻都在发生，它们会不同程度地影响你的情绪，然而你却可以换个环境或是利用信念来摆脱它们，达到怡然自若的状态，而你的工作效率也会随之提高。

九型人格中的情绪调控

性格是一种与社会关系最密切的人格特征，表现为人们对现实和周围世界的态度，并表现在人们的行为举止中，而这些行为举止恰恰是在情绪的控制下进行的。也就是说，不断的情绪累积，形成了一个人的性格。例如，一个人每天开开心心的，没有什么烦恼，喜欢与人沟通，那么我们就说这个人偏外向；反之，如果一个人心思比较重，顾虑太多，不善于和人交流，我们就说他性格比较内向。

既然性格与情绪有着这样紧密的关系，那么我们就通过对自我性格的调控来进行情绪调控。心理学认为，性格并不是天生的，而是在后天社会环境中逐渐形成的，因而也是可以改变的。例如，一个本来很单纯的人，进入一个复杂的环境，时间长了就会变得比较圆滑世故。

由于性格对人类生活的重要性，自古以来就有很多人对其进行研究，并进行了概括总结，因而关于性格的分类有很多种。在这里，我们采用时下最流行的"九型人格"分类法来进行情绪调控。具体来说，就是通过对人们各自性格的调节，来达到愉悦生活的效果。具体方法我们将在下面几节分别介绍，这里我们先来熟悉一下什么是"九型人格"。

顾名思义，九型人格其实就是把性格概括为9种，每个人都会属于其中的一种。在九型人格之中，没有哪一型是"男人专属"，也没有哪一型是"女人专属"。更没有哪一型比较好，哪一型比较差的绝对价值观。事实上，每一型的人都各有其优缺点，只要扬长避短，发扬优点，抛弃缺点，就会达到我们控制情绪的目的。

九型人格，具体指以下9种类型的性格：

1. 完美主义者

具有完美主义性格特点的人，总是希望得到别人的肯定，害怕出现任何差错，他们对待工作和生活的态度永远是精益求精，追求至善至美。他们的脸总是布满凝重的表情，对待一顿饭如同对待一场外交一样慎重。

2. 给予者

这样的人平时总是温和而友好的，因而非常讨人喜欢，他们从小到大，生活的意义似乎都是为了让别人开心。小时候，为了得到父母的奖励，他们做乖孩子；上学后，为了让老师赞赏，他们成了好学生；再后来，为了伴侣的开心，他们又总是想尽办法做个好丈夫或好妻子。

3. 现实主义者

"天下熙熙，皆为利来，天下攘攘，皆为利往。"这句话送给现实主义者再合适不过。他们的身上有着难能可贵的务实精神，从不将精力浪费在"无用"的地方，他们在做一件事情的时候总是不断分析它的利弊。与此同时，他们可能是很有"表演"天赋的一群人，他们会用不同的表情来面对不同的人，有时候难免让人觉得虚伪。

4. 浪漫主义者

这种类型的人是天生的艺术家，他们高兴的时候尽情地开怀大笑，伤心的时候号啕大哭而不惧怕别人的眼光。他们生活得最自我也最真实，很少看到他们的虚伪和做作。尽管如此，他们的身上总有一股忧郁的气息，让人难以捉摸。

5. 观察者

这类人不喜欢与人交往，宁愿孤独地面对整个世界。在工作上，他们的理性让他们很少感情用事。他们和任何人交往都是"君子之交淡如水"，他们不会让别人走进他们的内心，当然，他们也没有兴趣走进别人的内心。

6. 怀疑论者

他们的脸上总是一副怀疑的表情，他们难以相信任何人，甚至对自己也不信任。信任危机一直困扰着他们。

7. 享乐主义者

他们的脸上永远洋溢着快乐，烦恼在他们的心里不会驻足太久。对于他们来说今朝有酒今朝醉是非常好的生活哲学，因为生命太短暂，要抓紧时间享受。

8. 领导者

领导者给人的印象是严肃而有威严的。他们从小可能就是那些调皮捣蛋的孩子王，长大了那种领导众人的魅力也就显现出来了。他们可能是为了帮助弱小者挺身而出的人，也可能是为了反对某种不合理的制度而带头"革命"的人。他们身上的正义感很强，愿意保护社会中的弱势群体。然而，他们喜欢命令人的脾气可能不会受到周围人的欢迎。

9. 协调者

合纵连横，纵横捭阖，这是协调者的强势。他们脾气好，能够说服别人，因而无论走到哪里，都会留下一个好人缘。但是，他们天生缺乏决断能力，在重大事情面前总是摇摆不定。

这里只是对九型人格进行了一些简略的叙述，有兴趣的人可以找来相关的著作，或者在网上找一些资料，进行深入研究。另外，你还可以进行一些性格测试，确定自己属于哪一类性格，然后再有针对性地对自我情绪进行调整。

给生活加点让人愉悦的色彩

不同的颜色会给我们带来不同的心情，这是每个人都能体会到的。例如，当你抬起头，看到的是湛蓝的天空，一定会感觉神清气爽；而如果看到的是一片乌云，一定会心情压抑。再例如，不同色调的画作和摄影作品，会使我们感受到不同的心情；房间里墙壁刷上不同的颜色，也会让我们的感受不同；甚至我们还会根据不同的心情和个性，选择不同颜色的衣服，等等。这些都说明，颜色具有影响人情绪的特性。有的时候，这种影响是至关重要的。

国外曾发生过这样的事：有一座黑色的桥梁，每年都有一些人在那里自杀。后来，有人提出把桥涂成天蓝色，结果自杀的人就明显减少了。再后来，人们又把桥涂成了粉红色，在那里自杀的人就一个都没有了。

从心理学的角度分析，黑色显得阴沉，会加重人的痛苦和绝望的心情，容易把本来心情绝望、濒临死亡的人，向死亡更推进一步。而天蓝色和粉红色则容易使人感到愉快开朗，充满希望，所以不容易让人产生绝望的情绪。

心理学家对颜色与人的心理健康之间的关系进行了研究。研究表明，在一般情况下，红色表示快乐、热情，使人情绪热烈、饱满，激发爱的情感；黄色表示快乐、明亮，使人兴高采烈，充满喜悦；绿色表示和平，使人的心里有安定、恬静、温和之感；蓝色给人以安静、凉爽、舒适之感，使人心胸开朗；而灰色则使人感到郁闷、空虚；黑色使人感到庄严、沮丧和悲哀；白色使人有素雅、纯洁、轻快之感。

另外，在临床实践中，有关学者对利用颜色治病也进行了研究，效果非常显著。高血压病人戴上烟色眼镜可使血压下降；红色和蓝色可使血液循环加快；病人如果住在涂有白色、淡蓝色、淡绿色、淡黄色墙壁的房间里，心情就会很安定，有助于健康的恢复。

颜色不仅可以给你带来有益的刺激，而且可以对你的情绪起到安抚的作用。

粉红色：能抑制愤怒，降低心肌收缩力，减缓心率。

浅蓝色：可消除大脑疲劳，使人清醒而精力旺盛。

咖啡色：能让人心理趋于平静，消除孤独感。

黄色：可集中注意力，增加食欲。

紫色：能消除紧张情绪，对孕妇有一定的镇静作用。

红色：能提高食欲、升高血压，但易让人性急、发怒。有心脏病的人不宜居住在墙壁为红色的房间内。

白色：对烦躁情绪有一定的镇静作用，对心脏病人有益。

黑色：能减少人体内的红细胞，并容易诱发事故，易使人感到疲倦。

蓝色：可减慢心率，降低胆红素，对呼吸道疾病的治疗有一定的作用。

绿色：具有调节神经系统的作用，能消除紧张情绪，减慢心率，活跃思维；对治疗抑郁症、厌食症有一定的作用。

总之，各种颜色都会给人的情绪带来一定的影响，使人的心理活动发生变化，进而影响人的生理机能。因此，我们在日常生活中一定要注意颜色的搭配，无论是衣服，还是家里的装修，最好都选择一些给人带来好心情的"阳光颜色"。这样，我们的生活必然会多一点快乐，少一些焦虑。

走出情绪调适的误区

良好情绪是提高生活质量的基础，它有利于促进健康、学习、工作和生活。评定良好情绪的标准主要有以下几点：情绪反应有一定原因；能够控制自己的情绪变化；情绪反应不过度，适度合理；心情愉快，心境稳定、乐观。

生活中，不可避免会产生不顺心的事情，从而可能引发悲观、焦虑、恐惧、愤怒等情绪。拥有这些情绪是不可避免的，但要懂得调适这些情绪，以保持身心健康。但是，在调适情绪时，人们很容易陷入以下3个误区：

1. 误认为情绪调适就是使人时时"快乐"

现实生活中，"快乐"已经成为人们非常频繁而贴心的祝福，只有这种情绪体验显然不够。不能为了总是拥有快乐而刻意去回避随时可能遇到的矛盾和困难。

丰富多彩的生活决定人们应该有各种各样的情绪体验。情绪按体验的程度可分为心境、激情、应激。常说的"快乐""开心"即心境。情绪健康的人的主导心境应是乐观向上。情绪具有两极性，当你紧张而不知道如何放松时，可以试着攥紧拳头，当松开拳头的那一瞬间即可体验到放松的感受。

2. 误认为情绪调适只是方法问题

　　人们在情绪调适的问题上通常仅仅注重自我暗示、咨询、宣泄等具体的调适方法。实际上，形成正确的认知、养成快乐的习惯才是情绪调适的根本方法。明确自己的定位、目标、优势和不足，而不去追求不切实际的目标，才是保持良好情绪的关键所在。勇于承认自身存在的不足，不刻意压抑自己，抛除虚荣心，对别人的评价也不要过分敏感。如此这般，才不会因无法达到预期目标而产生不良情绪，才能更清晰地认识到自身不良情绪引发的原因，而后合理地处理事情，而不是遇到不好的情况就过分紧张。

3. 误认为情绪调适只是成年人的事

　　对于成年人的不良情绪，人们通常可以理解，但对于儿童身上出现的不良情绪许多人却理解不了，如，经常听到大人对小孩说"小小年纪，烦什么烦"。但是，研究表明，相比成年后的经历，童年时期的经历对人一生的心理影响更大，对情绪的影响也是如此。成年人不良情绪的产生通常可以追溯到他们童年时期的经历。因此，儿童成长中出现的情绪问题必须引起重视。要重视儿童的情绪调适问题，使儿童积累各种类别的情绪。当儿童出现不良情绪反应时，要积极、合理地引导他们，让他们从小养成情绪调适的习惯。

　　情绪调适能反映出一个人的智慧、习惯、人的精神意志和道德水平。情绪调适与人的童年经历密切相关。从情绪调适的误区中走出去，使自己拥有持久稳定的良好情绪。

第六章

心理暗示能左右心情——情绪激励

绕过苦难直达目标需要积极暗示

积极的自我暗示能够不经意地影响我们的心理和行为，增强我们的自信心，克服我们的畏难心理，从而情绪也能向好的方向转变。

当我们要参加某种活动或面临竞争时，一定要用积极的自我暗示为自己注入情绪力量，让自己产生勇气、增强自信，从而取得出人意料的优异成绩。

多年前，一个世界探险队准备攀登马特峰的北峰，在此之前从没有人到达过那里。记者对这些来自世界各地的探险者进行了采访。

记者问其中一名探险者："你打算登上马特峰的北峰吗？"他回答说："我将尽力而为。"记者问另一名探险者，得到的回答是："我会全力以赴。"

记者问第三个探险者，这个探险者直视着记者说："我没来这里之前，我就想象到自己能攀上马特峰的北峰。所以，我一定能够登上马特峰的北峰。"

结果，只有一个人登上了北峰，就是那个说自己能登上马特峰北峰的探险者。他想象自己能到达北峰，结果他的确做到了。

你自信能够成功，那么成功的机会就越大。每当你相信"我能做到"时，自然就会寻找"如何去做"的方法，并为之努力。无论做什么事，我们都应该在实现目标之前进行积极的自我暗示，这样，情绪本来只有五分，会因为你的积极暗示而变成十分，我们也就更容易成功。

我们的大脑存有两股力量，一股力量使我们觉得自己能够成为伟人；另一股力量却时时提醒我们："你办不到！"这样一对矛盾的内部力量的斗争，在我们遇到困境与失败时，会变得更加激烈。我们做人最大的敌人是自疑和害怕失败。它们经常扯我们的后腿，不让我们去尝试，或在失败后给我们打击；它们吸取我们的能量，使得我们不能充分发挥自己的能力。

许多时候，在我们的征途中，我们会萎靡不振，感觉生活走到了尽头，好像人生的音乐从自己的生活中消失了。但是，其实音乐依然在我们心中。不论什么时候，不论在哪里，也不论我们的环境如何恶劣，我们的遭遇如何不幸，生活的音乐始终不会消失。它在我们的心里，只要我们注意听，我们就会发现它的美妙。

做任何事，我们都要想到成功，不要在心里制造失败，要想办法把"必定会失败"的意念排除掉。这样我们才能克服畏难的心理，消除悲观情绪的障碍，积极地向成功的目标迈进。

那么，如何进行积极的自我暗示呢？有没有什么技巧呢？以下是培养积极自我暗示的几种方法：

（1）每天有意用充满希望的语调谈每一件事，谈你的工作、你的健康、你的前途。"存心"对每件事采取乐观的态度。

（2）想着"我将要成功"而不是会失败。当你建立成功的信念后，你的才智会积极帮你寻找成功的方法。

（3）乐于接受各种创意。要丢弃"不可行""办不到""没有用""那很愚蠢"等思想渣滓。

（4）与自己亲近的人谈谈心，请他们帮助你告别过去，让他们在你犯下错误时提醒你。

（5）不要说"我就是这样"，而说"我曾经是这样"。

（6）不要说"我也没办法"，而说"只要努力一下，我就可以改变自己"。

（7）不要说"我一直是这样"，而说"我一定要做出改变"。

（8）不要说"我天生就是这样的"，而是说"我曾经认为自己生性如此"。

不要小看这些细微的暗示，正所谓三人成虎，暗示如果多了，我们就会渐渐地信以为真。同时，暗示不是自我欺骗，是通过暗示产生积极正面的情绪，再由情绪带动我们的行动。所以，多一些健康的暗示，能让我们的生活远离苦难，渐渐驶向幸福的彼岸。

积极的自我暗示激发潜能

前面已经提过暗示是一种特殊的心理意识，对人的情绪有巨大的影响。现代科学证明，暗示对于人体的生理机能也有明显的影响。

有人曾做过这样一个实验，设计一个两端平衡的跷跷板，让实验者躺在上面假想自己正骑自行车。虽然身体未动一丝一毫，但不断地自我暗示使没有外力作用的平衡跷跷板朝脚底倾斜。原来假想的意向性运动使实验者的下肢血管扩张，血流向下肢，敏感的跷跷板就发生了变化。

暗示可以分为积极暗示和消极暗示。消极的暗示能扰乱人的情绪、行为及人体生理机能并造成疾病。许多抑郁症患者，往往由于消极的自我暗示而加重病情。心理学家指出，如果你反复进行消极的自我暗示，便会形成根深蒂固的消极模式，使自己在潜意识或无意识中做出行为。

当你发现自己的情绪被消极暗示束缚而无法自拔时，可以运用积极暗示，并且做到持之以恒，积极的暗示就会起潜移默化的作用，逐渐唤醒体内积极的暗示作用，达到健全心理机能的功效。

积极的自我暗示，是对某种事物有利、积极的叙述，是情绪的正面表达，这是使一种我们正在想象的事物保持坚定和持久的表达方式。进行肯定的练习，能让我们开始用一些更积极的思想和概念来替代我们过去陈旧的、否定性的思维模式，这是一种强有力的技巧，一种能在短时间内改变我们对生活的态度和期望的技巧。

自我暗示有很多种方法：可以默不作声地进行，也可以大声地说出来，还可以在纸上写下来，更可以歌唱或吟诵，每天只要 10 分钟有效的肯定练习，就能抵消我们许多年的思想习惯。归根到底，都是一种积极心态在起作用。我们经常意识到我们正在告诉自己的一切，如果选择积极的语言和概念，就能够很容易地创造出一个美好的现实。

摩拉里在很小的时候，就梦想站在奥运会的领奖台上，成为世界冠军。

1984 年，一个机会出现了，他在自己擅长的项目中，成为全世界最优秀的游泳者。但在洛杉矶奥运会上，他只拿了亚军，梦想并没有实现。

他没有放弃希望，仍然每天在游泳池里刻苦训练。这一次目标是 1988 年韩国汉城奥运会金牌，他的梦想在奥运预选赛时就烟消云散了，他竟然被淘汰。

带着对失败的不甘，他离开了游泳池，将梦想埋于心底，跑去康奈尔念律师学校。在以后的三年时间里，他很少游泳。可他心中始终有股烈焰在熊熊燃烧。

离 1992 年夏季赛不到一年的时间，他决定孤注一掷。在这项属于年轻人的游泳比赛中，他算是高龄者，就像拿着枪矛戳风车的现代堂吉诃德，想赢得百米蝶泳的想法简直愚不可及。

这一时期，他又经历了种种磨难，但他没有退缩，而是不停地告诉自己："我能行。"

在不停地自我暗示下，他终于站在世界泳坛的前沿，不仅成为美国代表队成员，还赢得了初赛。

他的成绩比世界纪录只慢了一秒多，奇迹的产生离他仅有一步之遥。

决赛之前，他在心中仔细规划着比赛的赛程，在想象中，他将比赛预演了一遍。他相信最后的胜利一定属于自己。

比赛如他所预想，他真的站在领奖台上，颈上挂着梦想的奥运金牌，看着星条旗冉冉上升，听到美国国歌响起，心中无比自豪。

摩拉里没有被消极思想所打败，在艰苦的环境中，他不断地进行积极的自我暗示，终于打破常规，获得奇迹般的胜利。

自我暗示是世界上最神奇的力量，积极的自我暗示往往能提升人的情绪力量，唤醒人的潜在能量，将他提升到更高的境界。

潜能是一个巨大的能量宝库，积极心态是开启这座宝库的金钥匙。不断地对自己进行积极暗示，就能够发掘这座巨大的能量宝库，发挥无穷的力量，创造出一个又一个奇迹。

意识唤醒法使人走出悲伤情绪

世事变幻无常，有时候人们难免会陷入失意情绪之中。心理学家认为，这是人们的自我意识没有被唤醒，一旦沉睡在他们心底的意识苏醒，他们会轻松跨过难关。心灵觉醒的人，能够清醒地看到自己的人生状态并会为自己的人生负责，他们的正面情绪也是觉醒的；而心灵沉睡的人，常常会迷失在生活里，他们的正面情绪也并不活跃。如果你能激发他们的心灵，他们就能从悲伤情绪中走出。

小姜的一个同学因患黄疸型肝炎被学校劝退休学，为此整天愁眉苦脸，总认为自己的病没有好转的可能，因而产生了悲观情绪，丧失了信心。小姜放假时，到这位同学住的医院探视他。一见面他就做出一副欣喜状，对这位同学说："哥们儿，你的脸色比以前好多了嘛！听医生说，你的黄疸指数已有所下降，这说明你的病情在好转啊！"

　　小姜的话客观实在，使朋友的精神为之振作。于是，他乐观地接受治疗，加速了康复进程，不久便病愈出院了。

　　小姜富有情绪感染力的一句话，就让他的同学走出阴霾，重获希望。我们每个人的人生都不是一帆风顺的，人们在遇到各种变故的时候，产生负面情绪是正常的，例如烦躁、悲观、郁闷等。作为朋友的我们有责任帮他们走出负面情绪的泥沼，给他们安慰和鼓励。但是，安慰和鼓励并不代表帮助他们逃避自我的情绪问题，我们应该抓住某些好的方面，适时予以积极的暗示，这样才有助于唤起他们的自我意识，重新找回积极情绪。

　　上大四的小文恋爱三年了，不久前女朋友不知何故跟他分手了。他很伤心，整天精神恍惚。他的班主任王老师知道此事后，来做他的工作。

　　王老师一见到小文就说："你失恋了，是来向你道贺的！"

　　小文很生气，转身就走。

　　"难道你不问为什么吗？"小文停下来，等着听王老师的下文。

　　王老师说："大学生都希望自己快点成熟起来，失败能使人的心理、思想进一步成熟，这不值得道贺吗？大学生的恋爱大多属于非婚姻型，一是大学生在学习期间不大可能结婚，二是很难预料双方将来能否在一个地方工作。这种恋爱的时间又不长，随着知识的积累，人慢慢成熟了，就有可能重新考虑对方，恋爱变局也就悄悄发生了。应该说，这是大学生心理成熟的一种重要标志，你这么放任自己的感情，是心理成熟还是不成熟的表现呢？另外，越到高年级，大学生越倾向于用理智处理爱情。这时，感情是否相投，性格是否和谐，理想和追求是否一致，学习和工作是否互助互补，都会成为择偶的标准，甚至双方家庭有时也会成为重点考虑的条件，这就是择偶标准的多元化。这种标准多元化更是大学生心理逐渐成熟的表现，也符合普遍规律。你女朋友和你分手是不是出于择偶条件的全面考虑？你全面考虑过你的女朋友吗？如何处理你目前的感情失落，你该心中有数了吧？"

王老师先设置悬念——"祝贺你失恋"，把小文从情绪的泥沼中"唤"了出来，然后通过合情合理的分析，唤醒他的理智，多次用"大学生失恋不是坏事，而是心理成熟的标志"的观点来加以点拨。王老师就是通过一步步唤醒小文的自我意识，使他能够用理智来处理感情问题，从而约束自己的感情，恢复心理平衡。在这个过程中，小文沉睡的心灵得以苏醒，凝固的气场能量又能够重新流动。

从本质上讲，每个人都具有自我意识，只是被暂时的失意情绪蒙蔽了。因此，我们要帮助失意的人唤醒他们心底沉睡的狮子，即唤醒他们的自我意识、唤醒他们沉睡的心灵。这是一种对消除消极情绪非常有效的手段，可以用最短的时间使失意者幡然醒悟，重新面对积极的人生。

第七章

给负面情绪找个出口——情绪释放

为情绪找一个出口

情绪的宣泄是平衡心理、保持和增进心理健康的重要方法。不良情绪来临时，我们不应一味控制与压抑，而应该用一种恰当的方式，给汹涌的情绪找一个适当的出口，让它从我们的身上流走。

在我们的生活中，可能会产生各种各样的情绪，情绪上的矛盾如果长期郁积心中，就会引起身心疾病。因而，我们要及时排解不良情绪。很多时候，只要把困扰我们的问题说出来，心情就会感到舒畅。我国古代，有许多人在他们遭到不幸时，常常赋诗抒发感情，这实际上也是使情绪得到正常宣泄的一种方式。

有人经过研究认为，在愤怒的情绪状态下，伴有血压升高的状况，这是正常的生理反应。如果怒气能适当地宣泄，紧张情绪就可以获得松弛，升高的血压也会降下来；如果怒气受到压抑，长期得不到发泄，那么紧张情绪得不到平定，血压也降不下来，持续过久，就有可能导致高血压。由此可见，情绪需要及时地宣泄。

尽管自控是控制情绪的最佳方式，但在实际生活中，始终以积极、乐观的心态去面对不顺心的外部刺激，是非常难做到的。所以，人们在控制情绪时常常综合应用忍耐和自控的方法，而且，为了顾忌全局，暂时忍耐的方法用得更多。所以，尽管在面对不愉快时会努力做到自控，但往往并非能做到真正的洒脱，还需要检验个人的忍耐力。然而，每个人的忍耐力都是有极限的，当情绪上的烦躁、内心的痛苦达到一定程度，最终会非理性地爆发出来。所以，在实际生活中，不能一味地压抑情绪，要懂得适当地宣泄，为自己的负面情绪找一个"出口"，将内心的痛苦有意识地释放出来，而要避免不可控地爆发。

有天晚上，汉斯教授正准备睡觉，突然电话铃响了，汉斯教授接起了电话，他一听才知道电话是一个陌生妇女打来的，对方的第一句话就是："我恨透他了！""他是谁？"汉斯教授感到莫名其妙。"他是我的丈夫！"汉斯教授想，哦，打错电话了，就礼貌地告诉她："对不起，您打错了。"可是，这个妇女好像没听见，如竹桶倒豆子一般说个不停："我一天到晚照顾两个小孩，他还以为我在家里享福！有时候我想出去散散心，他也不让，可他自己天天晚上出去，说是有应酬，谁知道他干吗去了！"

尽管汉斯教授一再打断她的话，说不认识她，但她还是坚持把话说完了。最后，她喘了一口气，对汉斯教授说："对不起，我知道您不认识我，但是这些话在我心里憋了太长时间了，再不说出来我就要崩溃了。谢谢您能听我说这么多话。"原来汉斯教授充当了一个听筒。但是他转念一想，如果能挽救一个濒临精神崩溃的人，也算是做了一件好事。

这位陌生的妇女之所以选择了汉斯教授作为自己情绪的出口，就是因为彼此不认识，这名妇女能轻松地将自己的情绪倾倒出来，而不会引起恶性循环。

所以，我们要找到合适的发泄情绪的管道，当有怒气的时候，不要把怒气压在心里，对于情绪的宣泄，可采用如下几种方法：

1. 直接对刺激源发怒

如果发怒有利于澄清问题，具有积极性、有益性和合理性，就要当怒则怒。这不但可以释放自己的情绪，而且是一个人坚持原则、提倡正义的集中体现。

2. 借助他物发泄

把心中的悲痛、忧伤、郁闷、遗憾借助他物痛快淋漓地发泄出来，这不但能够充分地释放情绪，而且可以避免误解和冲突。

3. 学会倾诉

当遇到不愉快的事时，不要自己生闷气，把不良心境压抑在内心，而应当学会倾诉。

4. 高歌释放压力

音乐对治疗心理疾病具有特殊的作用，而音乐疗法主要是通过听不同的乐曲把人们从不同的不良情绪中解脱出来。除了听以外，自己唱也能起同样的作用。尤其高声歌唱，是排除紧张、舒缓情绪的有效手段。

5. 以静制动

当人的心情不好，产生不良情绪体验时，内心都十分激动、烦躁并对此坐立不安，此时，可默默地侍花弄草，观赏鸟语花香，或挥毫书画，垂钓河边。这种看似与排除不良情绪无关的行为恰是一种以静制动的独特的宣泄方式，它是以清静雅致的态度平息心头怒气，从而排除沉重的压抑。

6. 哭泣

哭泣可以释放人心中的压力，往往当一个人哭过之后，发现心情会舒畅很多。当然，宣泄也应采取适当的方式，一些诸如借助他人出气、将工作中的不顺心带回家中、让自己的不得意牵连朋友等做法都不可取，于人于己都不利。与其把满腔怒火闷在心中，伤了自己，不如找个合适的出口，让自己更快乐一些。

不要刻意压制情绪

马太定律指的是好的越好，坏的越坏，多的越多，少的越少的一种现象。最初，它被人们用来解释一种社会现象，例如，社会总是对已经成名的人给予越来越多的荣誉，而那些还没有出名的人，即使他们已经做出了不少贡献，也往往无人问津。

其实，这一定律同样适用于人的情绪。也就是说，那些快乐的人，会越来越快乐；相对应的，那些压抑的人，总是感到越来越压抑。我们经常会看到这样一些人，他们总是抱怨自己人生的不如意，并由此产生了一系列的压抑情绪的心理问题。

心理学研究表明，情绪需要的是疏导而不是压抑，要勇敢地表达自己的情绪，而非拼命地压制。当你大胆地表达出你的真实情感时，目标将有可能实现，反则将事与愿违。

白雪是一个很美丽的女子，老公是她的初恋，因为爱，她一直都在迁就他。从大学恋爱到结婚，一直如此。而他，则有着别人不能反抗、永远是他对你错的嚣张气焰。他不喜欢她工作，她就得放弃工作在家带孩子。他不喜欢她的朋友，她就乖乖的一个朋友都不见，渐渐失去了一切朋友。每当他心情不好时，她都对他百般迁就与迎合，希望老公在自己的关爱与包容下，情绪会有所改善。可是，日子一天天过去，他的脾气非但没有改善，反而愈演愈烈。在她稍稍不听话的时候，得到的就是一顿狂风暴雨式的武力伺候。

她纵然有一千个想法，也从来不敢表达。她努力地迎合公公婆婆，得到的却永远是白眼多于黑眼的冷漠。她不敢对老公说让公公婆婆搬走另住，只好继续默默承受着除了丈夫之外的公公婆婆的冷暴力。

她从此很少说话，保持着令人崩溃的沉默，把一切放在心里。但却不曾料到，在这样的环境中，小时候非常活泼可爱的女儿居然也学会了迎合她的情绪。看到白雪哭的时候，她会安慰妈妈，唱歌给妈妈听，说老师夸奖她之类的话，其实白雪知道老师并没有表扬她。孩子在学校非常的自闭，没有朋友，常常一个人呆呆地不说话。这让白雪非常揪心。

9年的婚姻，9年的迎合，她从一个活泼快乐的公主变成了一个深度抑郁的女人，还影响到了孩子的成长。虽然跟双方的性格有关，但更是她一味迎合、纵容的结果。

白雪一味将自己的情绪压抑下来，其实对她的婚姻一点儿好处都没有。我们常说不敢表达自己真实想法的人是怯弱的，一个人如果连自己的所思所想都不敢让别人知道，别人又怎敢相信他。所以不要压抑自己的真实想法与情绪，当自己想表达某种情绪时，就要勇敢地表达出来。

那么该如何排解自己的压抑情绪，让想法顺利地表达出来呢？我们通常可以采取以下几种方法：

1. 鼓励自己，给自己勇气

缺乏信心是我们不敢表露真实情绪的一个原因，由于在乎对方的看法或情感，于是我们开始压抑自认为不利于双方关系的情绪。

这个时候，我们需要给自己勇气，告诉自己即使对方不认可也没有关系，心里也会觉得坦然，情绪也就很自然地表露出来了。

2. 情绪表达要平缓

情绪即使再激烈，也可以选择一种相对轻缓的方式来表达。否则很容易遭到对方的情绪反抗，沟通也就不能再继续进行了。

我们要试着对别人说"我现在很生气……"，而不是用各种激烈的指责或行动来表达生气，情绪是可以"说出来"的。

3. 学会拒绝别人

在某些时候，如果你想拒绝别人，也要大胆地表达出来。但是拒绝是讲究技巧的，太直率的拒绝可能会影响双方的关系。在拒绝对方的时候，你要考虑到对方的心理感受，可以肯定而委婉地告诉他你没法儿答应，并表达你的歉意。

4. 学会赞美与肯定

赞美是一种有效的人际交往技巧，能在很短时间内拉近人与人之间的距离，消除戒备心理。每个人都渴望听到赞美和肯定的话，真诚的欣赏与赞扬，会使你的人际关系更加和谐，也便于你顺利表达自己的想法。

水库的水位超过警戒线时，水库就必须做调节性泄洪，否则会危害到水库的安全。倘若此时不但没有泄洪，反而又不断进水时，水库就会崩溃。人的情绪也是一样，当需要表达的时候，请先勇敢地迈出沟通的第一步。

情绪发泄掌握一个分寸

关于情绪发泄，一个男人曾经这样说过：只要给女人发泄的机会，女人就会像开足马力的机器，让你无处可退，最终崩溃。相对于男人而言，女人更喜欢通过倾诉的方式释放和发泄自己的情绪，但是有些女人往往不能掌握情绪发泄的度，结果导致自己像个失控的魔鬼，影响到自己的生活。

其实，当人产生负面情绪时，发泄是一个很好的途径，能最快地甩掉情绪的包袱，但是我们现在很多人面临的问题是把握不住这个发泄的度。一旦发泄过度，就会对我们的人际关系产生影响，没有人喜欢和不分场合、不分时机、不分轻重随意发泄情绪的人做朋友。我们需要将情绪发泄得恰到好处，才能保证生活的平和。

赵佳是北京某技术公司的总经理，由于她经常出差，甚至有时候要加班，她发现自己大多数的时间都放在工作上，时间一长，她便对自己的工作状态感到烦躁。

当意识到自己的工作状态不佳时，她就想借助运动或者唱歌发泄一下。她喜欢打网球，每每工作烦躁的时候，她就叫上几个同伴一起打网球，或者去 KTV 发泄一下。她认为打网球和唱歌都是发泄的好办法，特别是将心中的郁结通过打网球打出去或者唱歌唱出来的那一瞬间，仿佛一切都放下了。等发泄完了，她又重拾好心情，继续工作。

赵佳借助网球或者唱歌的方式来发泄自己的负面情绪，其实就是一种恰到好处的发泄方式，这种方式不仅调整了自己的情绪，而且也获得了乐趣。

负面情绪必须释放出来，如果不发泄出来的话，心灵的堤坝就会崩溃。而释放与发泄情绪所要做的就是用语言或者是动作把情绪表达出来，从而让处于战争中的躯体和大脑达成共识。当我们处于负面情绪状态时，正确的疏导才能让情绪发泄得恰到好处。

首先，我们应该体察自己的情绪变化。了解自己的情绪波动是控制情绪的第一步，就像医生医治病人一样，必须先了解病人的病症，然后才能对症下药。如果你连自己的情绪变化都不了解，又谈何控制和治理。唯一不同的是情绪必须自己感知，然后自己控制。

但是适当的情绪释放与发泄并不容易掌握，大多数人常会犯这样的错误：本来是在诉说自己的情绪问题，最后却误转了矛头，本来倾听的那个人成了箭靶子，你已忘记了你的初衷。

其次，分析自己的情绪。寻找自己情绪变动的原因并有针对性地找到解决方案。情绪发泄与释放首先要对自己的情绪负责，必须认识到无论有什么样的情绪，都不应责怪和转嫁给他人。分析情绪的过程也是梳理个人情绪变化的过程，当分析情绪时，个人处于一种冷静、理性的状态，便于找到情绪源，从而利于缓解不良情绪。

再次，情绪归类。分析完情绪之后，就要将我们的情绪归类，到底属于有益的负面情绪，还是有害的负面情绪，程度的深浅又是如何，自己以往有没有相同的情绪体验，当你把这一次的情绪贴好标签后，所有情况就会一目了然。

最后，调控情绪。心理学认为："人的情绪不是由某一诱发性事件本身所引起的，而是经历了这一事件的人对这一事件的解释和评价所引起的。"这是心理学著名的一条理论。当找到诱发情绪的原因之后，接下来就是调节情绪了。当一个人情绪低落的时候，要学会找一种适合自己的调节方法，如转移注意力、运动发泄，等等，以促使自己的情绪始终处于平衡之中，使自己的心境始终处于快乐之中。情绪发泄要恰到好处，就是要注意情绪发泄的度。发泄不满情绪，并不是单纯为了宣泄不满情绪，更不是"泼妇骂街"，不要因为过分的情绪发泄而摧毁了自己好不容易建立起来的光辉形象。在发泄情绪时千万注意要就事论事，不要进行人身攻击，否则事情的性质就改变了，也很难善后。

经营生活，其实就是经营心情。我们学会了不随意发泄情绪，也就能够成功地管理心情了，从而掌握好了自己的人生。

把负面情绪写在纸上

释放负面情绪的方式很多，"把负面情绪写在纸上"是非常流行的一种排解负面情绪的方法。这种方法简单且随意，在动笔将负面情绪写在纸上的过程中，自己的情绪已经得到表达和排解，内心也会有一种欣慰和解脱之感。

其实，生活中的每个人都需要倾诉内心的喜怒哀乐，把负面情绪写出来是缓解压抑情绪的重要方法。它的做法非常简单：将那些自己无法解决的困难或烦恼逐条写在纸上，将无形的压力化作"有形"。这样，原本紧张的情绪便可得到舒缓，思路会变得清晰，自己也能更冷静地解决问题。

瞿先生在一家公司供职约十余年，近些天因为升职的事情，心里非常郁闷。身边和自己同时进公司的同事乃至比自己晚进公司的同事都得到升迁，唯独自己升迁的机会非常渺茫。

面对这种情况，瞿先生在很长的一段时间里情绪都非常低落。他说："我非常恼火，而且这种感觉还一直在扩张，以至于我觉得非离开这家公司不可。但在写辞职信之前，我随手拿了一支红水笔，将我对公司领导层的意见都写在纸上，写着写着，我的心境就开朗起来，好像负面情绪悄悄离开了一样。写完之后，我就把这些纸张收起来，并和老朋友说了这件事。"

朋友建议瞿先生用另一种颜色的笔，将每一位领导的才能和优点写出来，然后又让他把自己想晋升的职位、需要具备的素质甚至未来的规划等都一一写在纸上。两种颜色的纸张一对比，瞿先生的愤怒便马上消减。他又充满了激情，明白了自己怎样努力才能实现目标。

自此，瞿先生就找到了一种发泄情绪的好办法。他总是随身带着纸笔，每当自己有什么想法的时候，就习惯性地先将想法写在纸上。"这是一种很好又很安全的控制情绪的方法，每当我写完之后，就感到一身清爽，时间长了，我控制和调节情绪的能力也越来越强。"他这样说道。

当情绪需要发泄时，不妨像瞿先生那样，养成将情绪写在纸上的习惯。作家罗兰在《罗兰小语》中写道："情绪的波动对有些人可以发挥积极的作用。那是由于他们会在适当的时候发泄，也在适当的时候控制，不使它泛滥而淹没了别人，也不任它淤塞而使自己崩溃。"情绪宣泄的方法有很多种。如：倾诉、哭泣、高喊等。适度的宣泄可以把不快的情绪释放出来，使波动情绪趋于平和。当你心中有烦恼和忧虑时，可以向老师、同学、父母兄妹诉说，也可用写日记的方式进行倾诉。

第四篇

激发自己的积极情绪

　　人在开心的时候，体内会发生奇妙的变化，从而获得不竭的动力和力量。因此，我们可以利用情绪高涨期不断激励自己，有了积极的心态，在工作和学习中自然精力充沛。同时，积极情绪还能激发人的创造力和自信心，从而对我们的生活和学习、工作起到积极的作用。

第一章

相信阳光一定会再来——永怀希望

事情没有你想象的那么糟

人的一生不可能永远一帆风顺，大部分时间都是平淡的，还有不少时间是灰暗的。这些灰暗的日子我们称之为苦难，面对苦难，每个人的承受能力不同，会表现出不同的情绪。有些人可以乐观应对，有些人却陷于其中不能自拔。乐观者，往往能以积极的心态看待问题，这样不仅可以使自己心情愉悦，而且正视问题的同时也可以使问题得到很好的解决；悲观者，总是感慨命运不济，认为自己是世界上最不幸的人，这样不仅不能解决问题，而且会加剧自己的痛苦。

很多刚刚步入社会的年轻人，由于自身的经验、才能都尚在成长之中，情绪容易受外界影响，加上社会上竞争激烈，各个用人单位对人才的要求不尽相同，面试遭淘汰，或者工作不适被辞退，这都是很正常的事情，我们不必为此耿耿于怀。只要我们相信自己，时刻提起精神，终会有"柳暗花明又一村"的新景象等待着我们。因为当生活把苦难带给我们时，其实又给我们推开了一扇窗，所以事情并没有你想象的那么糟。让我们学着用积极的态度去面对苦难，在苦难中学习，在苦难中成长。当越过苦难，这个过程就变成一生弥足珍贵的记忆。

西娅在维伦公司担任高级主管，待遇优厚。但是，突然不幸的事情发生了，为了应对激烈的竞争，公司开始裁员，而西娅也在其中。那一年，她43岁。

"我在学校一直表现不错，"她对好友墨菲说，"但没有哪一项特别突出。后来，我开始从事市场销售。在30岁的时候，我加入了那家大公司，担任高级主管。我以为一切都会很好，但在我43岁的时候，我失业了。那感觉就像有人在我的鼻子上给了我一拳。"她接着说，"简直糟糕透了。"西娅似乎又回到了那段灰暗的日子，语气也沉重了许多。

"有一段时间，我不能接受自己失业的事实。躲在家里，不敢出门，因为每当看到忙碌的人们，我都会觉得自己没用，脾气也越来越坏，孩子们也越来越怕我。情况似乎越来越糟糕。但就在这时，转机出现了。一个月后，一个出版界的朋友询问我，如何向化妆业出售广告。这是我擅长的东西。我重新找到了自己的方向：为很多上市公司提供建议，出谋划策。"两年后，西娅已经拥有了自己的咨询公司。她已经不再是一个打工者，而是成了一个老板，收入自然也比以前多了很多。

"被裁员是一件糟糕的事情，但那绝不是地狱。也许，对你来说，可能还是一个改变命运的机会，比如现在的我。重要的是对它如何看待，我记得那句名言：世界上没有失败，只有暂时的不成功。"西娅真诚地对墨菲说。

相信任何人在面临西娅那样的遭遇时都会苦恼不已，沉浸在低迷的情绪状态中。但是只要迅速地调整心态，转个弯就能找到另一条出路，就能获得成功。像西娅那样，即使被单位解聘淘汰了也不用计较，走过去，前面将有更光明的一片天空在等待着我们。

海伦·凯勒曾经说过："当一扇幸福的门关起的时候，另一扇幸福的门会因此开启；但是，我们却经常看着这扇关闭的大门太久，而没有注意到那扇已经为我们开启的幸福之门。"这正是上帝在以另一种方式告诉我们，我们未尽其才，"天生我材必有用"，不如天生我材自己用，社会不残酷不足以激发我们的生命力，竞争不激烈不足以显示我们的战斗力。

困难中往往孕育着希望

有人说，从绝望中寻找希望，人生终将辉煌。在人的一生中，积极的情绪是一种有效的心理工具，是能够把握自己命运的必备素质。如果你认为自己能够发挥潜能，那么积极的情绪便会使你产生力量和勇气，从而使你如愿以偿。

千万不要把事情想象得那么糟糕，也许明天早晨它就会出现转机。这是所有成功者给我们留下的忠告。成大事者必须要在情绪低落的时候，激发自己的积极情绪，从而获取成功。

人的一生中，难免会遇到各种各样的困难，总会遇到一些不称心的人、不如意的事，此时，应该以什么样的心态面对这一切呢？如果你有快乐而又自信的好习惯，那么效果往往是出人意料的。

看一看这个故事吧：

美国联合保险公司有一位名叫艾伦的推销员，他很想当公司的明星推销员。因此他不断从励志书籍和杂志中培养积极的心态。有一次，他陷入了困境，这是对他平时进行积极心态训练的一次考验。

那是一个寒冷的冬天，艾伦在威斯康星州一个城市里的某个街区推销保险单。结果却没有售出一张保险单。他对自己很不满意，但当时他的这种不满是积极心态下的不满。他想起过去读过的一些保持积极心境的法则。

第二天，他在出发之前对同事讲述了自己昨天的失败，并且对他们说："你们等着瞧吧，今天我会再次拜访那些顾客，我会售出比你们售出总和还多的保险单。"基于这种心态，艾伦回到那个街区，又访问了前一天同他谈过话的每个人，结果售出了66张新的事故保险单。这确实是了不起的成绩，而这个成绩是他当时所处的困境带来的，因为在这之前，他曾在风雪交加的天气里挨家挨户地走了8个多小时而一无所获，但艾伦能够把这种对大多数人来说都会感到的沮丧，变成第二天激励自己的动力，结果如愿以偿。

这个故事告诉我们的是：人生充满了选择，而生活的态度决定一切。你用什么样的态度对待你的人生，生活就会以什么样的态度来对待你，你消极，生活便会暗淡；你积极向上，生活就会给你许多快乐。

当人们遭到严重的（或一定的）挫折以后所产生的诸如失落、无奈、困惑等情绪，会使自己对未来失去信心，因而处于牢骚满腹的心理状况，于是老气横秋，怨天怨地，长吁短叹。这些本是一些力不从心的老年人的"专利"，却使血气方刚，本应开拓事业、享受生活美好时光的年轻人，也沾染了这个毛病，结果失去青春的活力，失去人生的乐趣。

只有正确地对待生活，保持良好的情绪才能克服各种困难，快乐地生活。

当你的意识告诉你"完了，没有希望了"，你的潜意识也就会告诉你，绝处可以逢生，在绝望中也能抓住希望，在黑暗中总有一点光明。不错，黎明前的夜是最黑的，只要我们在漆黑的夜中能看到一线曙光，那么，我们就要相信光明总会到来，事情总会有转机。不要消沉，不要一蹶不振，你只要抱有积极的情绪，相信大雨过后天更蓝，船到桥头自然直。

任何时候都不要放弃希望

著名的英国文学家罗伯特·史蒂文森说过："不论担子有多重，每个人都能支持到夜晚的来临；不论工作多么辛苦，每个人都能做完一天的工作，每个人都能很甜美、很有耐心、很可爱、很纯洁地活到太阳下山，这就是生命的真谛。"确实如此，唯有流着眼泪吞咽面包的人才能理解人生的真谛。因为苦难是孕育智慧的摇篮，它不仅能磨炼人的意志，而且能净化人的灵魂。如果没有那些坎坷和挫折，人绝不会有丰富的内心世界，也不会从中吸取经验。苦难能毁掉弱者，同样也能造就强者。

有些人一遇到挫折就灰心丧气、意志消沉，甚至用死来躲避厄运的打击。这是弱者的表现，可以说生比死更需要勇气。死只需要一时的勇气，生则需要一世的勇气。人的一生中都可能有消沉的时候，居里夫人曾两次想过自杀，奥斯特洛夫斯基也曾用手枪对准过自己的脑袋，但他们最终都以顽强的意志面对生活，并获得了巨大的成功。可见，一时的消沉并不可怕，可怕的是深深地陷入消沉中不能自拔。

做一个生命的强者，就要在任何时候都不放弃希望，耐心等待转机来临的那一天。

从前，两军对峙，城市被围，情况危急。守城的将军派一名士兵去河对岸的另一座城市求援，假如救兵在明天中午赶不回来，这座城市就将沦陷。

整整两个时辰过去了，这名士兵才来到河边的渡口。平时渡口这里会有几只木船摆渡，但由于兵荒马乱，船夫全都避难去了。本来他可以游泳过去，但现在数九寒天，河水太冷，河面太宽，而敌人的追兵随时可能出现。

他的头发都快愁白了，假如过不了河，不仅自己会成为俘虏，整个城市也会落在敌人手里。万般无奈，他只得在河边静静地等待。这是一生中最难熬的一夜，他觉得自己都快要冻死了。他感到四面楚歌、走投无路了。自己不是冻死，就是饿死，要么就是落在敌人手里被杀死。更糟的是，到了夜里，刮起了北风，后来又下起了鹅毛大雪。他冻得瑟缩成一团，甚至连抱怨命运的力气都没有了。此时，他的心里只有一个念头：活下来！

他暗暗祈求：上天啊，求你再让我活一分钟，求你让我再活一分钟！也许他的祈求真的感动了上天，当他气息奄奄的时候，他看到东方渐渐发亮。等天亮时他惊奇地发现，那条阻挡他前进的大河上面，已经结了一层冰壳。他在河面上试着走了几步，发现冰冻得非常结实，他完全可以从上面走过去。

他欣喜若狂，从冰面上轻松地走过了河面。

因为没有放弃希望，所以这名士兵等到了转机，从而给自己等来了重生的机会。可见，事事没有绝路，只要我们不放弃希望，那么即使是再危难的处境，也可能绝处逢生。也只有坚持不放弃的人，才能够走向最终的胜利。

事实上，处在绝望境地的拼搏，最能激发人身体里的潜在力量。每个人都是凤凰，但是只有经过命运烈火的煎熬和痛苦的考验，才能浴火重生，并在重生中得以升华。只有心中充满了胜利的希望，才不会被任何艰难困苦所打倒。

别让精神先于身躯垮下

当我们面对挫折和困难时，逃避和消沉情绪是解决不了问题的，唯有以积极的心态去迎接，问题才有可能最终被解决。积极乐观的人每天都拥有一个全新的太阳，奋发向上，并能从生活中不断汲取前进的动力。当我们处于困境中时，只要我们保持昂扬的精神，奋力拼搏，终将迎来阳光明媚的春天。

遗憾的是，很多时候我们的精神先于身躯垮下去了。

人在任何时候都不应该放弃信念和希望，信念和希望是生命的维系。只要一息尚存，就要追求，就要奋斗。其实，大自然始终在启迪着人们——在春花秋叶舞蹈般潇洒地飘落里，蕴含着信念和希望；巨大岩石的裂缝中钻出的小草，昭示着信念和希望；不断被山风修改着形象的悬崖边的苍松展示着信念和希望。在任何时候，无论处在怎样的境遇，都不要放弃希望和信念。如果你的心灵已太久不曾有过渴望的涌动，请你轻轻地将它激活，让它焕发健康的亮色。下面，我们一起看一则关于信念的故事。

一场突然而至的沙尘暴，让一位独自穿行大漠者迷失了方向，更可怕的是连装干粮和水的背包都不见了。翻遍所有的衣袋，他只找到一个泛青的苹果。

"哦，我还有一个苹果。"他惊喜地喊道。

他攥着那个苹果，深一脚浅一脚地在大漠里寻找着出路。整整一个昼夜过去了，他仍未走出空阔的大漠。饥饿、干渴、疲惫，一齐涌上来。望着茫茫无际的沙海，有好几次他都觉得自己快要支撑不住了，可是他看了一眼手里的苹果，抿了抿干裂的嘴唇，陡然又添了些许力量。

顶着炎炎烈日，他又继续艰难地跋涉。三天以后，他终于走出了大漠。那个他始终未曾咬过的青苹果，已干巴得不成样子，他还宝贝似的攥在手中，久久地凝视着。

在人生的旅途中，我们常常会遭遇各种挫折和失败，会身陷某些意想不到的情绪困境之中。这时，不要轻易地说自己什么都没有了，其实只要心灵不熄灭信念的圣火，努力地去寻找，总会找到能渡过难关的那"一个苹果"。攥紧信念的"苹果"，就没有穿不过的风雨、涉不过的险途。所以，无论面对怎样的环境，面对多大的困难，都不能放弃自己的信念，放弃对生活的热爱。因为很多时候，打败自己的不是外部环境，而是你自己的情绪。

第二章

对生命满怀热忱的心——常怀感恩

感谢你所拥有的，这山更比那山高

生活中，我们很难做到不与人进行比较。如果我们没有一颗感恩之心，那么在各种各样的比较下，我们很容易产生心理和情绪上的偏差。我们又不太可能隐居在乡间，所以我们只能不断调整自己的情绪。

一对青年男女步入了婚姻的殿堂，甜蜜的爱情高潮过去之后，他们开始面对日益艰难的生计。妻子每天都为缺少财富而忧郁不乐，他们需要很多很多的钱，1万，10万，最好有100万。有了钱才能买房子，买家具、家电，才能吃好的、穿好的……可是他们的钱太少了，少得只够维持最基本的日常开支。

她的丈夫却是个很乐观的人，不断寻找机会开导妻子。

有一天，他们去医院看望一个朋友。朋友说，他的病是累出来的，常常为了挣钱不吃饭、不睡觉。回到家里，丈夫就问妻子："如果给你钱，但同时让你跟他一样躺在医院里，你要不要？"妻子想了想，说："不要。"

过了几天，他们去郊外散步。他们经过的路边有一幢漂亮的别墅，从别墅里走出来一对白发苍苍的老者。丈夫又问妻子："假如现在就让你住上这样的别墅，同时变得和他们一样老，你愿意不愿意？"妻子不假思索地回答："我才不愿意呢。"

他们所在的城市破获了一起重大团伙抢劫案。这个团伙的主犯抢劫现钞超过 100 万，被法院判处死刑。

罪犯押赴刑场的那一天，丈夫对妻子说："假如给你 100 万，让你马上去死，你干不干？"

妻子生气了："你胡说什么呀？给我一座金山我也不干！"

丈夫笑了："这就对了。你看，我们原来是这么富有：我们拥有生命，拥有青春和健康，这些财富已经超过了 100 万，我们还有靠劳动创造财富的双手，你还愁什么呢？"妻子把丈夫的话细细地咀嚼、品味了一番，从此变得快乐起来。

像那位丈夫一样，看看自己拥有的，自己原来已经很富有。那些总认为自己一无所有的人，他们心灵的空间挤满了太多的负累，从而无法欣赏自己真正拥有的东西。

我们要接受自己生活中不完美的地方，用"和自己赛跑，不要和别人比较"的生活态度来面对生活。我们要放下身价，观摩别人表现杰出的地方，从对方的表现看出成功的端倪，而不要与别人比华丽的服装而忽视了自己真正需要提升的东西。

感谢磨难，它们让你更加坚强

在人生的岔道口，若你选择了一条平坦的大道，你可能会有一个舒适而享乐的青春，但你会失去一个很好的历练机会；若你选择了坎坷的小路，你的青春也许会充满痛苦，但人生的真谛也许就此被你领悟。

人生其实没有弯路，每一步都是必需的。所谓失败、挫折并不可怕，正是它们教会我们如何寻找经验与教训。如果一路都是坦途，那只能像渔夫的儿子那样，沦为平庸。

有个渔夫有着一流的捕鱼技术，被人们尊称为"渔王"。依靠捕鱼所得的钱，"渔王"积累了一大笔财富。然而，年老的"渔王"一点也不快活，因为他三个儿子的捕鱼技术都极平庸。

于是他经常向智者倾诉心中的苦恼："我真不明白，我捕鱼的技术这么好，我的儿子们为什么这么差？我从他们懂事起就传授捕鱼技术给他们，从最基本的东西教起，告诉他们怎样织网最容易捕捉到鱼，怎样划船最不会惊动鱼，怎样下网最容易请鱼入瓮。他们长大了，我又教他们怎样识潮汐、辨鱼汛，等等。凡是我多年辛辛苦苦总结出来的经验，我都毫无保留地传授给他们，可他们的捕鱼技术竟然赶不上技术比我差的其他渔民的儿子！"

智者听了他的诉说后，问："你一直手把手地教他们吗？"

"是的，为了让他们学会一流的捕鱼技术，我教得很仔细、很耐心。"

"他们一直跟随着你吗？"

"是的，为了让他们少走弯路，我一直让他们跟着我学。"

智者说："这样说来，你的错误就很明显了。你只是传授给了他们技术，却没有传授给他们教训，对于才能来说，没有教训与没有经验一样，都不能使人成大器。"

　　正如智者所说，教训有时候比经验更有价值。没有经历过风霜雨雪的花朵，无论如何也结不出丰硕的果实，温室的花朵注定要失败。或许我们习惯羡慕他人的成功，但是别忘了，正所谓"台上十分钟，台下十年功"，在他们光荣的背后一定有汗水与泪水共同浇铸的艰辛。很多事情当我们回过头来再去看的时候，就会发现，历经磨难以后，生命的花朵反而更娇艳动人。

　　只有历经折磨，才能够历练出成熟与美丽，抹平岁月给予我们的皱纹，让心保持年轻和平静，让我们得到成长。所以，每一个勇于追求幸福的人，每一个有乐观豁达心态的人，都会感谢磨难的到来，唯有以这种态度面对人生，我们的生活才会洋溢着更多的欢乐和幸福，世界在我们眼里才会更加美丽动人。

　　对于生活中的各种折磨，我们应时时心存感激。只有这样，我们才会常常有一种幸福的感觉，纷繁复杂的世界才会变得鲜活、温馨和动人。一朵美丽的花，如果你不能以一种美好的心情去欣赏它，它在你的心中和眼里永远也不会娇艳妩媚，正如你的心情一般灰暗和没有生机。

　　只有心存感激，我们才会把折磨放在背后，珍视他人的爱心，才会享受生活的美好，才会发现世界原本有太多的温情。对折磨心存感激，是一种人格的升华，是一种美好的人性。只有对折磨心存感激，我们才会热爱生活，珍惜生命，以平和的心态去努力地工作与学习，使自己成为一个有益于社会的人。对折磨心存感激，我们的生活就会洋溢着更多的欢笑和阳光，世界在我们眼里就会更加美丽动人。

面对人生中各种各样不顺心的事，你要保持感谢的态度，因为唯有折磨才能使你不断地成长。法国启蒙思想家伏尔泰说："人生布满了荆棘，我们晓得的唯一办法是从那些荆棘上面迅速踏过。"人生是不平坦的，但同时也说明生命需要磨炼，"燧石受到的敲打越厉害，发出的光就越灿烂"。正是这种敲打才使燧石发出光来，因此，燧石需要感谢那些敲打。人也一样，感谢折磨你的人，你就是在感恩命运。

别以为父母的付出理所当然

一位诗人说过："我们的孩子是行走在天地间的心肝。"也许你熟悉这句话，但即使你读过一千遍，也未必能读出父母心中的感受。孩子是父母的心肝，一旦他们不在，父母就会立即感到空寂失落。

现在很多年轻人都对父母没有感恩之心，他们与朋友的关系很好，却与父母的关系很恶劣。他们在父母面前不掩饰自己的情绪，甚至随意发泄，把父母当成情绪的垃圾桶。但是，没有任何父母的付出是理所当然的，他们也有自己的喜怒哀乐，也需要你的平等对待。

有一对夫妇是登山运动员，为庆祝他们儿子一周岁的生日，他们决定背着儿子登上7000米的雪山。夫妇俩很快便轻松地登上了5000米的高度。然而，就在他们稍做休息准备向新的高度进发之时，风云突起，一时间狂风大作，雪花飞卷，气温陡降至零下三四十摄氏度。由于风势太大，能见度不足一米，向上或向下都意味着危险或死亡。两人无奈，情急之中找到一个山洞，只好进洞暂时躲避风雪。

气温继续下降，妻子怀中的孩子被冻得嘴唇发紫，最主要的是他要吃奶。可是在如此低温的环境下，任何一寸肌肤裸露都会导致体温迅速降低，时间一长就会有生命危险。怎么办？孩子的哭声越来越弱，他很快就会因为缺少食物而死。丈夫制止了妻子几次要喂奶的要求，他不能眼睁睁地看着妻子被冻死。然而，如果不给孩子喂奶，孩子就会很快死去。妻子哀求丈夫："就喂一次。"丈夫把妻子和儿子揽在怀中。喂过一次奶的妻子体温下降了两摄氏度，她的体能严重损耗。时间在一分一秒地流逝，孩子需要一次又一次地喂奶，妻子的体温在一次又一次地下降。

三天后，当救援人员赶到时，丈夫已冻昏在妻子的身旁；而他的妻子——那位伟大的母亲已被冻成一尊雕塑，却依然保持着喂奶的姿势屹立不倒。她的儿子，她用生命哺育的孩子正在丈夫的怀里安然地睡眠，他脸色红润，神态安详。为了纪念这位伟大的母亲，丈夫决定将妻子最后的姿势铸成铜像，让她最后的爱永远流传。

读过这个故事，你是否因为妈妈舍命护子而潸然泪下？在这个世界上，所谓的上帝，只不过是虔诚的信徒心中一个虚幻的影像或者寄托。真正创造了这个世界、支撑这个世界的，使这一片土地有绿的希冀的，更多地属于那些平凡、正直、善良、坚忍不拔、任劳任怨的父母们。

父母为了我们，即使背负了我们太多的情绪债务，也不会有任何怨言，他们还是会一如既往地关怀你、照顾你。即使他们心甘情愿做你情感的垃圾桶，也不能放纵自己。如果你学会了用理智的情绪对待父母，那么你才算一个真正成熟的人。

一位知名学者曾写下这样的文字：

当你 1 岁的时候，她喂你吃奶并给你洗澡，而作为报答，你整晚地哭着；当你 3 岁的时候，她怜爱地为你做菜，而作为报答，你把她做的菜扔在地上；当你 4 岁的时候，她给你买下彩色笔，而作为报答，你涂了满墙的抽象画；当你 5 岁的时候，她给你买既漂亮又贵的衣服，而作为报答，你穿着它到泥坑里玩耍；当你 7 岁的时候，她给你买了球，而作为报答，你用球打破了邻居的玻璃；当你 9 岁的时候，她付了很多钱给你辅导钢琴，而作为报答，你常常旷课并不去练习；当你 11 岁的时候，她陪你和你的朋友们去看电影，而作为报答，你让她坐到另一排去；当你 13 岁的时候，她建议你去把头发剪了，而你说她不懂什么是现在的时髦发型；当你 14 岁的时候，她付了你一个月的夏令营费用，而你却整整一个月没有打一个电话给她；当你 15 岁的时候，她下班回家想拥抱你一下，而作为报答，你转身进屋把门插上了；当你 17 岁的时候，她在等一个重要的电话，而你抱着电话和你的朋友聊了一晚上；当你 18 岁的时候，她为你高中毕业感动得流下眼泪，而你和朋友在外聚会到天亮；当你 19 岁的时候，她付了你的大学学费又送你到学校，你要求她在远处下车怕同学看见笑话你；当你 20 岁的时候，她问你"你整天去哪儿"，而你回答"我不想像你一样"；当你 23 岁的时候，她给你买家具布置你的新家，而你对朋友说她买的家具真糟糕；当你 30 岁的时候，她对怎样照顾小孩提出劝告，而你对她说"妈，时代不同了"；当你 40 岁的时候，她给你打电话，说亲戚过生日，而你回答"妈，我很忙没时间"；当你 50 岁的时候，她常患病，需要你的看护，而你却在家读一本关于父母在孩子家寄身的书；终于有一天，她去世了，突然，你想起了所有该做却从来没做过的事，它们像榔头一样痛击着你的心……

如果说爱是一股力量的话，那么，母爱绝非尘世间一股普通的力量，而是一股吸恒星之刚强、纳星月之柔肠、萃狂风暴雨、取闪电惊雷，日积月累逐渐形成的超自然神力。这股神力在母亲心中如蝴蝶般不断扇展，就算躲藏于荒草丛仰望星空，亦能感受到熠熠繁星朝她拉引，邀她一起完成瑰丽的星系；就算掩耳于海洋中，亦被大涛赶回沙岸，要她去种植桑田，好让海洋永远有喧哗的理由。对母亲而言，爱的付出不是一种责任，而是一种本能。因此，尽管她的孩子畸形弱智，被浅薄者视作瘟疫，遭社会遗弃，她也会忠贞于生生不息的母爱精神，让生命的光在孩子身上辉映。

许多时候，我们对抗着、逆反着、叛离着父母。长大了，又因为懒惰或是一心追求名利，慢慢忽略了亲情，忽略了一日比一日年迈的父母，忽略了双亲望眼欲穿的牵挂。千金散去还复来，亲情逝去永不返。年轻时我们总以为来日方长，却忘记了父母已经黄昏迟暮。说不定哪天，我们正为不失掉一次赚钱的机会而忙得天昏地暗的时候，却惊悉自己永远失去了至爱的亲人。所以，天下儿女们，找点空闲，常回家看看吧！或是认真地写封信，告诉双亲："好想你们！"这些许的点滴将会使他们获得莫大的慰藉和满足。否则，"子欲养而亲不待"，是世上最痛彻心扉的愧疚和遗憾。

父母是为你付出最多的人，也是你永远的牵挂、心灵的港湾，所以不要把父母的付出当作理所当然，千万不要等到失去了，才觉得珍贵而悔恨不已。为人子女者，应该珍惜这份伟大的爱，尽自己的孝道，以回报父母的爱。幸福，只需要常回家看看。

感谢对手，是他们激发了你的潜能

许多人都视对手为眼中钉、肉中刺，欲除之而后快。其实，如果没有对手，也许我们就会走向堕落，走向灭亡。人要对对手心存感激，而不应对对手怀有嫉妒之心，这样才能提高自己，化不利为有利。

有意义的生命才会精彩，精彩的生命才会有意义。快出发，寻找你的对手，让你的生命折射出迷人、永恒的光彩。

1996年世界爱鸟日这一天，芬兰维多利亚国家公园应广大市民的要求，放飞了一只在笼子里关了4年的秃鹰。事过3日，当那些爱鸟者还在为自己的善举津津乐道时，一位游客在距公园不远处的一片小树林里发现了这只秃鹰的尸体。解剖发现，秃鹰死于饥饿。

秃鹰本来是一种十分凶悍的鸟，甚至可与美洲豹争食。然而它由于在笼子里关得太久，远离天敌，结果失去了生存能力。还有一个类似的故事：

一位动物学家在考察生活于非洲奥兰治河两岸的动物时，注意到河东岸和河西岸的羚羊大不一样，前者繁殖能力比后者强，而且奔跑的速度每分钟要快13米。

他感到十分奇怪，既然环境和食物都相同，何以差别如此之大？为了解开其中之谜，动物学家和当地动物保护协会进行了一项实验：在两岸分别捉10只羚羊送到对岸生活。结果送到西岸的羚羊发展到了14只，而送到东岸的羚羊却只剩下了3只，另外7只被狼吃掉了。

谜底终于被揭开，原来东岸的羚羊之所以身体强健，是因为它们附近居住着一个狼群，这使羚羊天天处在一个"竞争氛围"中，为了生存下去，它们变得越来越有"战斗力"；而西岸的羚羊长得弱不禁风，恰恰就是因为缺少天敌，没有生存压力。

上述现象对我们不无启迪，生活中出现一个对手、一些压力或一些磨难，的确不是坏事。一份研究资料说，一年中不患一次感冒的人，得癌症的概率是经常患感冒者的6倍。至于俗语"蚌病生珠"，则更说明此问题。一粒沙子嵌入蚌的体内后，它将分泌出一种物质来疗伤，时间长了，便会逐渐形成一颗晶莹的珍珠。

生活中有各种各样的笼子，不少人的处境和那只笼子里的秃鹰相似。虽然它能让人暂时地乐而忘忧，流连忘返，但毕竟是笼子。可以设想，最后的结局只会和那只秃鹰没有什么两样。

人一定要觅得对手。知音难寻，对手更难求。没有对手，人们可能会不知所往，生命也将毫无意义。

战国时期，七雄并立，7个强有力的对手开始了长达百余年的角逐。最后，时势中的英雄始皇诞生，他运筹帷幄之中，决胜千里之外，将6个对手一一击垮，"秦王扫六合，虎视何雄哉！"英雄铸就于对手之中。如果没有一群强有力的对手，英雄怎能矗立于人群？

感激对手，善待对手，你才能从对手那里找到自己的不足，得到帮助，从而化不利为有利，改变生存状况。没有压力怎会有动力？没有竞争怎会有进步？正是对手的追赶才驱使我们向前迈进，驱使我们生命的车轮不断地滚滚前行。对手促使我们进步，只有与对手共生存才能改写历史。

让感恩溢于言表

心理学家认为，人与人之间存在"互酬互动效应"，即你如何对别人，别人会以同样的方式给予回报。道声"谢谢"，看似平常，可它却能引起人际关系的良性互动，成为交际成功的促进剂。

向别人表示你的感谢是一个积极有意义的举动。从你那里得到过感谢的人，会希望将来再次受到你的谢意和肯定，因为他看到自己对你的帮助能够被你认识和赞赏。你的衷心感谢也会换来真心相报，以后，对方还会乐意帮助你的。

感恩是认定别人给予你的帮助的价值，是彼此感情顺畅交流的一种有效手段。当别人为你做了某些事情后，你应该表示感谢；当别人给予你关心、安慰、祝贺、指导以及馈赠时，你应该表示感谢；当别人为你做事而未成功时，那份情意也值得你感谢。

李华是一家电脑公司的编程员，一次在工作中遇到一个难题，他的同事主动过来帮忙。同事一句提醒的话使他茅塞顿开，李华很快就完成了工作，他对同事表示感谢，并请这位同事喝酒，他说："我非常感谢你在编那个计算机程序上给我的帮助……"

从此，他们的关系变得更近了，李华也因此在工作上获得了很大的成绩。

李华很有感触地说："是一种感恩的心态改变了我的人生。我对周围人的点滴关怀和帮助都怀抱强烈的感恩之情，我竭力要回报他们。结果，我不仅工作得更加愉快，所获帮助也更多，工作更出色，而且很快获得了公司加薪升职的机会。"

像李华一样，即使是别人对自己的点滴关怀和帮助，也要抱有一颗感恩之心。"滴水之恩，当涌泉相报"，懂得感激别人为自己所做的一切，只有不把你所得到的帮助视为理所当然，你才能从别人那儿获得更多的帮助。感恩往往只是一句真诚的谢语或是一个小小的举止，却有着"赠人玫瑰，手有余香"的效果。

比尔的心脏有毛病，很容易疲倦。有一天他开车回到家里，感觉很累，希望能够小睡一会儿。这时候，一位邻居兴高采烈地跑来，说他帮比尔在园子里种了两棵菜。比尔随口说声"谢谢"，就进屋睡觉了，因为他感觉实在太困了。

睡意向比尔袭来，但他始终睡不着。比尔猛然坐起，明白自己的不安是因为没有向邻居衷心致谢。他立刻走出屋子，到园子里，向邻居为自己刚才的淡漠道歉，并重新真诚致谢。比尔说："这位邻居知道我的心脏有毛病，也知道休息对我很重要。当他知道我为了向他致谢而中断睡眠后，非常感动，又帮我多种了两棵菜。心中感激却没说出来，就好像包好礼物却没送出去，而我们两个都从再一次致谢中受惠。"

感恩需要表达，说出内心对他人的感激，让他人体会到你的感恩。通过传递感恩之情，比尔和他的邻居都得到了一种内心的感动和愉悦，"人非草木，孰能无情？"在这个尘世攘攘的时代，不时地听到人心不古这样的慨叹，而化解人与人之间的猜忌与不和谐的音符往往就是一句小小的"感激"。为什么要吝啬内心的感动呢？将它表达出来，你将为自己赢得一片天空，正像歌中所唱的："感恩的心，感谢有你，伴我一生，让我有勇气做我自己；感恩的心，感谢命运，花开花落我一样会珍惜。"

第三章

善待他人，胸怀更开阔——学会宽容

气量大一点，生活才祥和

生活中，有的人能活得轻松快乐，而有的人却活得沉重压抑。究其原因，无非是因为前者情绪稳定而且有包容一切的气量；而后者之所以感觉负担沉重，是因为度量太小，计较太多，总是沉浸在不安的情绪里。

事实上，任何人都不是完美无缺的，世界上不存在绝对完美的人，我们不论与谁交往，都不可能要求对方事事都能做到让我们满意的程度。气量小的人，往往不能容忍比自己优秀的人，也容忍不了和自己存在分歧的人。其实细细品味人生哲理，就会明白看似困难的事情也很容易解决，"以柔和驱赶仇恨"，这是布朗告诉我们的方式，这其实就是要求我们要有宽厚待人的气量。

美国的第十六任总统林肯是美国历史上一位颇有建树的总统，他在任期内作出了数项足以影响美国乃至世界的贡献。他的身上具备显著的优秀品质，坚韧、智慧、低调等，他的宽容品质也颇受世人的称赞。曾经发生过这样一件事：

　　林肯在任时期，一次他下令调动一些军队参与作战。命令下达之后，却受到了当时任作战部部长的史丹顿的阻挠，他拒绝执行林肯的此项命令，犯下了军队的大忌，还发牢骚表示对林肯此项命令的不满、讽刺、嘲笑，甚至口不择言地说道："作为总统下达这种愚蠢的命令，他就是一个该杀的傻瓜。"

　　这件事很快被林肯得知。大家都在想，这次史丹顿对总统如此不敬，公开表示他的不满、怨恨，林肯一定不会放过史丹顿的。然而，林肯本人对这件事的态度非常出乎人们的意料。他没有恼羞成怒，而是静下心来检讨自己的命令是否妥当。他马上亲自找到史丹顿，征求他的意见。史丹顿丝毫不留情面地指出了此项命令的不当之处。林肯经过深思熟虑之后，最终认为自己的方案的确存在很大的问题，于是收回了命令。

　　林肯面对部下的阻挠，并没有震怒，而是用一种温和的态度处理这件事，这正说明，越是位高权重的人，越应该尊重和采纳他人的意见，正所谓"得民心者得天下"，林肯总统得到了人们的拥戴和肯定，这都要得益于他的宽容大度，在他的领导下，整个美国才得以欣欣向荣地稳定发展。

　　小肚鸡肠的人，眼中的生活是灰色的，他们无时无刻不在算计着、不在担忧着；反之，心胸宽广的人，眼中的生活是彩色的，失去对他们来说是微不足道的，凡事不会时时刻刻抓在手中，他们懂得放下。设身处地地想一下，当把一切得失荣辱都视作浮云一朵的时候，生活不就变得轻松自如了吗？如果这只需要大一点儿的气量就可以办到，那何乐而不为呢？

人生的道路漫长而坎坷，在充满了艰辛的同时，也孕育着希望。我们活着，不要总是去抱怨自己生不逢时，不要总是抱怨没有结交到优秀的人。而是要对人多一分包容、多一分理解。能够让自己有气量去结交不同的人。气量和容人，犹如器之容水，器量大则容水多，器量小则容水少，器漏则上注而下逝，无器者则有水而不容。气量大的人，容人之量、容物之量也大，能和不同性格、不同脾气的人们融洽相处。能兼容并蓄，能接受别人的批评，也能忍辱负重，经得起误会和委屈。这样就能以轻松自如的心态来面对纷繁复杂的人间百态，让我们摆脱不满、愤恨的情绪，生活会变得简单，变得祥和。

做到心胸开阔，便能风雨不惊

人与人之间由于利益的争夺往往会形成竞争的关系。也许你的竞争对手会以君子的风度与你正当竞争，也许你的竞争对手会对你恶意诽谤，总之，会有林林总总的竞争出现。对此，我们是该抱着愤怒与仇恨的情绪以牙还牙、睚眦必报，一旦有机会，落井下石呢，还是放下负面情绪，宽容对方，化解他人的敌意呢？

深邃的天空容忍了雷电风暴一时的肆虐，才有风和日丽；辽阔的大海容纳了惊涛骇浪一时的猖獗，才有浩渺无限。一事不顺便心存憎恨，耿耿于怀，心灵上栽满荆棘，思想上遮满云雾，就变得抑郁，忧虑。很明显，我们要选择做前者，做容纳万物的天空和海洋。

但是，换个角度去想你曾经恨之入骨的敌人，带给自己的也并非只有伤害。正是敌人的虎视眈眈，才让你斗志昂扬，努力提升自己，迎接挑战。在一定程度上，对手能激发你的潜能，提醒自己克服懒怠。如果一个人能从大处着眼，那么这恰恰是"心胸天地阔"、思想境界较高的表现。

诚然，人的一生中会遇到各种各样的困难和与人之间的摩擦，难免会因为误会而彼此伤害，但纷争并不是我们共同的使命，宽容才是我们唯一的信仰。放开胸怀，用宽容的心胸去接纳这个世界，幸福将会不期而至。做到了心胸开阔，方能心态平和，心如止水；做到了恬然自得，方能达观进取，笑看风云。

一位名叫卡尔的卖砖商人，由于与另一位对手竞争而陷入困境。对方在他的经销区域内走访建筑师与承包商，告诉他们卡尔的公司不可靠，他的砖块不好，生意也面临歇业。卡尔对别人解释他并不认为对手会严重伤害到他的生意。但是这件麻烦事使他心中生出无名之火，真想"用一块砖来敲碎那人肥胖的脑袋作为发泄"。

"有一个星期天早晨，"卡尔说，"牧师布道时的主题是：要施恩给那些故意为难你的人。我把每一个字都记在心里。就在上个星期五，我的竞争者使我失去了一份25万块砖的订单。但是，牧师教我们要善待对手，而且他举了很多例子来证明他的理论。当天下午，我在安排下周日程表时，发现住在弗吉尼亚州的我的一位顾客，正因为盖一间办公大楼需要一批砖，而所指定的砖的型号不是我们公司制造供应的，却与我竞争对手出售的产品很类似。同时，我也确定那位满嘴胡言的竞争者完全不知道有这笔生意机会。"

这使卡尔感到为难，是遵从牧师的忠告，告诉对手这项生意，还是按自己的意思去做，让对方永远也得不到这笔生意呢？

卡尔的内心挣扎了一段时间，牧师的忠告一直在他心中回响。最后，也许是因为很想证实牧师是错的，他拿起电话拨到竞争对手家里。接电话的人正是那个对手本人，当时他拿着电话，难堪得一句话也说不出来。卡尔还是礼貌地直接告诉他有关弗吉尼亚州的那笔生意。结果，那个对手很感激卡尔。

卡尔说："我得到了惊人的结果，他不但停止散布有关我的谎言，而且还把他无法处理的一些生意转给我做。"

因为卡尔懂得包容，所以他没有把那股无名之火发出来，否则他将会酿成无法挽回的错误。

我们要懂得心胸开阔对于情绪健康的重要意义。这个世界我们无力改变，但心是我们自己的，心境不同，随之产生的情绪也就不同，焦躁疑虑的人看到的是毫无生命光泽的枯草，志定心安的人却能静看云卷云舒。很多时候，情绪的改变和外界无关，只是由于自身心境的变迁，"心中有快乐，所见皆快乐"，若以宁静而无杂念的心去看世界，虽然它并没有变样，我们却能享受到那份平淡中的永恒。这时我们再回头站在局外观看短短几十年的人生，会发现它只是宇宙的一次呼吸而已，那些凡尘琐事如过眼云烟般不值一提，有如此豁达的心境为伴，看问题便高人一筹，因此会减少很多不必要的情绪问题。

能够宽容待人，宽怀处世，不但需要广阔的胸襟，而且需要拥抱的勇气。当然，给别人以宽容的时候自己也可以获得一份宽慰和解脱；毕竟，没有结扣的心是无比舒畅的。能够化解彼此间的矛盾和误会，对于施者和受者都是精神上的一次放松。甚至一个小小的拥抱也可以为你赢得人心，赢得尊重。

原谅别人，其实就是放过自己

我们每个人可能都遭受过别人带给我们的伤害，我们也会做出各种各样的反应。但是不管反应有多小，这腔怒火也会烧到我们自己，对我们造成伤害。与其在耿耿于怀中让自己失去原本平和的生活，不如原谅别人。原谅别人，也就是熄灭自己的心中之火，抚平自己的情绪伤痕。

一位画家在集市上卖画，不远处，前呼后拥地走来一位大臣的孩子，这个孩子的父亲在年轻时曾经把画家的父亲欺诈得心碎而死去。这孩子在画家的作品前流连忘返，并且选中了一幅，画家却匆匆地用一块布把它遮盖住，声称这幅画不卖。

从此以后，这孩子因为心病而变得憔悴，最后，他父亲出面了，表示愿意出高价购买那幅画。可是，画家宁愿把这幅画挂在自己画室的墙上，也不愿意出售。他阴沉着脸坐在画前，自言自语地说："这就是我的报复。"

每天早晨，画家都要画一幅他信奉的神像，这是他表示信仰的唯一方式。可是现在，他觉得这些神像与他以前画的神像日渐相异。

这使他苦恼不已，他不停地找原因。然而有一天，他惊恐地丢下手中的画，跳了起来：他刚画好的神像的眼睛，竟然像那个大臣的眼睛，而嘴唇也酷似。

他把画撕碎，并高喊："我的报复已经回报到我的头上来了！"

可见，报复会把人驱向疯狂的边缘，使你的心灵不能得到片刻安静。当你无法忘记心中的怨恨，总是想着去报复时，最终受伤害的不仅仅是对方，对你造成的伤害也许更大。

心理学专家研究证实，心存怨恨有害健康，高血压、心脏病、胃溃疡等疾病就是长期积怨和过度紧张造成的。

由此可见，原谅不但是宽恕别人，更是宽恕自己。

要学会宽容，起码要做到两条。首先，你要看到，自己也有很多的缺点，自己也有做错事的时候，自己本身并不是一个完人；而你原来认为不好的人，也有一些你没有的优点。所以，要学会看到自己的缺点，看到别人的优点。其次，你得承认，自己也曾得到别人的宽容，自己也需要别人的宽容。这样一想，我们还有什么不能宽容的呢？

宽容别人的同时，自己也就把怨恨或嫉恨从心中排解掉了，也才会怀着平和与喜悦的心情看待任何人和任何事，会带着愉快的心情生活。所以，在生活的磨难中逐步学会宽容，能原谅他人的人，心里的苦和恨比较少；或者说，心胸比较宽阔的人，就容易宽容他人。

第四章

学会给自己热烈鼓掌——增强自信

多做自己擅长的事

　　世界上没有两片完全相同的树叶，每个人的天赋也是不同的。和别人比，你或许在某些方面有些欠缺，但在其他方面你表现得更为突出。成功的关键不是克服缺点、弥补缺点，而是施展天赋、发扬长处。要想获得成就，就要擅长经营自己的强项。

　　美国盖洛普公司出了一本畅销书《现在，发掘你的优势》。盖洛普的研究人员发现：大部分人在成长过程中都试着"改变自己的缺点，希望把缺点变为优点"，但他们碰到了更多的困难和痛苦；而少数最快乐、最成功的人的秘诀是"加强自己的优点，并管理自己的缺点"。"管理自己的缺点"就是在不足的地方做得足够好，"加强自己的优点"就是把大部分精力花在自己感兴趣的事情上，从而获得成功。

　　一只小兔子被送进了动物学校，它最喜欢跑步课，并且总是得第一；它最不喜欢的是游泳课，一上游泳课它就非常痛苦。兔爸爸和兔妈妈要求小兔子什么都学，不允许它放弃任何一项课程。

　　小兔子只好每天垂头丧气地去学校上学，老师问它是不是在为游泳太差而烦恼，小兔子点点头。老师说，其实这个问题很好解决，你跑步是强项，但游泳是弱项。这样好了，你以后不用上游泳课了，可以专心练习跑步。小兔子听了非常高兴，它专门训练跑步，最后成为了跑步冠军。

　　小兔子根本不是学游泳的料，即使再刻苦训练，它也无法成为游泳能手；相反，它专门训练跑步，结果成为跑步冠军。

　　假如一个人的性格天生内向，不善于表达，却要去学习演讲，这不仅是勉为其难，而且还会浪费大量的时间和精力；假如一个人身材矮小，弹跳力也不好，却要去打篮球，结果，不仅造成英雄无用武之地的局面，反而打击了自信心，一蹶不振。在漫漫的人生旅途中，没有人是弱者，只要找到自己的强项，就找到了通往成功的大门。

　　所谓的强项，并不是把每件事情都干得很好、样样精通，而是在某一方面特别出色。强项可以是一项技能、一种手艺、一门学问、一种特殊的能力或者只是直觉。你可以是鞋匠、修理工、厨师、木匠、裁缝，也可以是律师、广告设计人员、建筑师、作家、机械工程师、软件工程师、服装设计师、商务谈判高手、企业家或领导者，等等。

罗马不是一天建成的，我们想在某一方面拥有过人之处，就必须付出辛苦的努力。我们要想拥有一口流利的英语，可能要错过无数次和朋友通宵 KTV 的机会；要想掌握一门技术，可能就要翻烂无数本专业书；要想成为游泳池中最抢眼的高手，就必须比别人多"喝"水……

人生的诀窍就在于经营好自己的长处，扬长避短，才能创造出人生的辉煌。若舍本逐末，用自己的弱项和别人的强项拼，失败的只能是自己。从这个角度来说，千万别轻视了自己的一技之长，尽管它可能并不高雅，却可能是你终生依赖的财富。

每个人都不是弱者，每个人都有实现自己梦想的可能，只要我们找准自己的最佳位置，努力经营自己的强项，并将这个专长发挥到极致，我们一定能成为某一领域的"王者"。

独立自主的人最可爱

自信情绪的产生源于善于驾驭自我命运的能力，这种人懂得生活的真谛，是最幸福的人，正像康德所说："我早已致力于我决心保持的东西，我将沿着自己的路走下去，什么也无法阻止我对它的追求。"最高的自立是追随自己的心灵，相信自己是正确的，不被任何人的评断所左右的精神上的自立。

剑桥郡的世界第一名女性打击乐独奏家伊芙琳·格兰妮说："从一开始我就决定：一定不要让其他人的观点消磨我成为一名音乐家的热情。"

她成长在苏格兰东北部的一个农场，从8岁时她就开始学习钢琴。随着年龄的增长，她对音乐的热情与日俱增。但不幸的是，她的听力却在渐渐地下降，医生们断定是难以康复的神经损伤造成的，而且断定到12岁，她将彻底耳聋。可是，她对音乐的热爱却从未停止过。

　　她的目标是成为打击乐独奏家，虽然当时并没有这么一类音乐家。为了演奏，她学会用不同的方法"聆听"其他人演奏的音乐。她只穿着长袜演奏，这样她就能通过她的身体和想象感觉到每个音符的震动，她几乎用她所有的感官来感受着她的整个声音世界。她决心成为一名音乐家，于是她就向伦敦一所著名的皇家音乐学院提出了申请。

　　因为以前从来没有一个聋学生提出过申请，所以一些老师反对接收她入学。但是她的演奏征服了所有的老师，她顺利地入了学，并在毕业时获得了学院的最高荣誉奖。

　　从那以后，她就致力于成为第一位专职的打击乐独奏家，并且为打击乐独奏谱写和改编了很多乐章，因为那时几乎没有专为打击乐而谱写的乐谱。

　　至今，她作为独奏家已经有十几年的时间了，因为她很早就下了决心，不会仅仅由于医生诊断她完全变聋而放弃追求，因为医生的诊断并不意味着她的热情和信心不会创造奇迹。

　　伊芙琳用行动告诉我们世界上没有做不到的事情，所有的成功都源自自信和独立这两种正面力量。正如有句话说："在这个世界上最坚强的人是孤独地、只靠自己站着的人。"这样的人即使濒临绝境，也依然能认清自己和世界，进而改变自己的所有弱点，超越自身和一切的痛苦，进入真正自主的世界。赤橙黄绿青蓝紫，谁都应该有自己的一片天地和特有的亮丽色彩。你应该果断地、毫不顾忌地向世人宣告并展示你的能力、你的风采、你的气度、你的才智。在生活的道路上，必须善于做出抉择，不要总是踩着别人的脚步走，不要总是听凭他人摆布，而要勇敢地驾驭自己的命运，做自己的主宰，做命运的主人。

　　一位成功人士回忆他的经历时说："小学六年级的时候，我考试得了第一名，老师送我一本世界地图，我好高兴，跑回家就开始看这本世界地图。很不幸，那天轮到我为家人烧洗澡水。我就一边烧水，一边在灶边看地图，看到一张埃及地图，想到埃及很好，埃及有金字塔，有埃及艳后，有尼罗河，有法老王，有很多神秘的东西，心想长大以后如果有机会我一定要去埃及。

　　"看得入神的时候，突然有人从浴室冲出来，用很大的声音跟我说：'你在干什么？'我抬头一看，原来是父亲，我说：'我在看地图。'父亲很生气，说：'火都熄了，看什么地图！'我说：'我在看埃及的地图。'我父亲跑过来'啪、啪'给了我两个耳光，然后说：'赶快生火，看什么埃及地图！'打完后，又踢了我屁股一脚，把我踢到火炉旁边去，用很严肃的表情跟我讲：'我向你保证！你这辈子不可能到那么遥远的地方！赶快生火！'

　　"我当时看着父亲，呆住了，心想：父亲怎么给我这么奇怪的保证，真的吗？我这一生真的不可能去埃及吗？20年后，我第一次出国就去了埃及，我的朋友都问我：'到埃及干什么？'那时候还没开

放观光，出国是很难的。我说：'因为我的生命不能被别人设定。'

"有一天，我坐在金字塔前面的台阶上，买了张明信片寄给父亲。我写道：'亲爱的父亲：我现在在埃及的金字塔前面给你写信，记得小时候，你打我两个耳光，踢我一脚，保证我不能到这么远的地方来，现在我就坐在这里给你写信。'我写信的时候感触很深，而父亲收到明信片时跟我妈妈说：'哦！这是哪一次打的，怎么那么有效？一脚踢到埃及去了。'"

这位成功人士的情绪之所以没有受到父亲的影响，正是源自"我的生命不能被别人设定"的这种信念。的确，在宇宙的中心，回响着那个坚定神秘的音符："我"，如果你听从它的呼唤，致力于你追求的东西，那么你必将突破别人对你的设定，牢牢掌控你的命运。正如泰戈尔所说："我存在，乃是所谓生命的一个永久的奇迹。"人若失去自己，是一种不幸；人若失去自主，则是人生最大的缺憾。

人生之中，无论我们处于在他人看来如何卑微的境地，我们都不要用自暴自弃的情绪来面对生活和自己，只要渴望崛起的信念尚存，生命始终蕴藏着巨大的潜能。只要我们能坚定不移地笑对生活，对自己的生命拥有热爱之情，对自己的潜能抱着肯定的想法，这样，生命就会爆发出前所未有的能量，创造令人惊奇的成绩。

善于发现自己的优点

我们每个人都不会一无是处。人人都潜藏着独特的天赋，这种天赋就像金矿一样埋藏在看似平淡无奇的生命中。对于那些总是羡慕别人，认为自己一无是处的人，是挖掘不到自身的金矿的。

在人生的坐标系中，一个人如果站错了位置——用他自己的短处而不是长处来谋生的话，那是非常可怕的，他可能会在自卑和失意中沉沦。只有抓住自己的优点，并加以利用，才有可能成功。

每个人都有自己的特长、优势，要学会欣赏自己、珍爱自己、为自己骄傲。没有必要因别人的出色而看轻自己，也许，你在羡慕别人的同时，自己也正被他人羡慕着。

每个人身上都有优点与缺点，但人们在羡慕别人的同时，却很容易忽略自身的优点。有些人对自己的缺点耿耿于怀，却不知道自己身上的优点。一片树叶总有一滴露水养着，人人都会有完全属于自己的一片天地。我们在拥有自己长处的同时，总会在某些方面不如别人。每个人活在世上，受各种因素影响，都会有各种不足的地方，如果因此而失去自己的人生定位及目标，无疑是可悲的。

有一天，大仲马得知自己的儿子小仲马寄出的稿子总是碰壁，就告诉小仲马："如果你能在寄稿时，随稿给编辑先生附上一封短信，说'我是大仲马的儿子'，或许情况就会好多了。"小仲马断然拒绝了父亲的建议。

小仲马给自己取了十几个其他姓氏的笔名，以避免那些编辑先生们把他和大名鼎鼎的父亲联系起来。面对那些冷酷无情的退稿笺，小仲马没有沮丧，仍然坚持创作自己的作品，因为他相信自己有这方面的专长，他热爱写作，并坚信自己一定能成功。

他的长篇小说《茶花女》寄出后，终于震撼了一位资深编辑。这位知名编辑曾和大仲马有着多年的书信来往。他看到寄稿人的地址同大作家大仲马的丝毫不差，便怀疑是大仲马。他迫不及待地乘车造访大仲马家。令他大吃一惊的是，《茶花女》这部伟大作品的作者竟是大仲马名不见经传的儿子小仲马。

小仲马因为知道自己的优点，并充分利用自己的写作优势，最终获得了成功。所以，一定要记得我们不会"一无是处"，人人都有闪光点，千万不要一味地计较自己的缺点。

有一个叫爱丽莎的美丽女孩，总是觉得自己没有人喜欢，总是担心自己嫁不出去。

一个周末的上午，这位痛苦的姑娘去找一位有名的心理学家，心理学家请爱丽莎坐下，跟她谈话，最后他对爱丽莎说："爱丽莎，我会有办法的，但你得按我说的去做。"他要爱丽莎去买一套新衣服，再去修整一下自己的头发，他要爱丽莎打扮得漂漂亮亮的，告诉她星期一他家有个晚会，他邀请她来参加，并按着他的嘱咐来办。

星期一这天，爱丽莎衣衫合适、发式得体地来到晚会上。她按照心理学家的吩咐尽职尽责，一会儿和客人打招呼，一会儿帮客人端饮料，她在客人间穿梭不停，来回奔走，始终在帮助别人，完全忘记了自己。她眼神活泼，笑容可掬，成了晚会上的一道彩虹，晚会结束后，有三位男士自告奋勇要送她回家。

在随后的日子里，这三位男士热烈地追求着爱丽莎，她选中了其中一位，让他给自己戴上了订婚戒指。不久，在婚礼上，有人对这位心理学家说："你创造了奇迹。""不，"心理学家说，"是她自己为自己创造了奇迹。人不能总想着自己，怜惜自己，而应该想着别人，体恤别人，爱丽莎懂得了这个道理，所以变了。所有的女人都能拥有这个奇迹，只要你想，你就能让自己变得美丽。"

爱丽莎的幸福是她发现了自己原来也是一朵有魅力的玫瑰。每个人身上都有别人所没有的东西，都有比别人做得好的地方，这就是属于你自己的特长，这是你身上最值得肯定的地方。不要拿别人的长处来和自己的短处相比，这样会掩盖掉你身上闪光的亮点，压抑你向上发展的自信。要充分地肯定自己的长处，始终如一地肯定。

自然界有一种补偿原则，当你在某方面很有优势时，肯定在另一个方面有不足。而当你在某个方面拥有缺点时，可能又在另一个方面拥有优点。如果你想要出类拔萃，就必须腾出时间和精力来把自己的强项磨砺得更加犀利。

高情商的人，在漫漫的人生旅途中，能找到自己的强项与优势，同样他们也就找到了通往成功的大门。那么，如果你是鱼，就跳进大海，在茫茫的大海里尽情畅游；如果你是鹰，就飞向蓝天，在广阔的天空里自由翱翔。

打造一颗超越自己的心

每天超越自己，哪怕超越一点点，你每天都有进步，你就能越来越接近成功。无法每天超越自己的人，通常成不了大事。只要相信自己，不论多么艰巨的任务，你必能完成。反过来说，如果对自己缺乏信心，即使是最简单的事，对你也是一座无力攀登的险峰。

每个人心中都沉睡着一个巨人，当你唤醒了他，他就能助你完成自己的人生理想，成为了不起的人物。很遗憾，大部分人还没有唤醒心中的巨人就已经离开了人世，这是一个巨大的悲哀。

什么样的人生才算是唤醒了自己心中的巨人呢？一定要实现历

史巨人那样的丰功伟业才算是不枉此生吗？也不尽然。其实，将自己内心的巨人唤醒，可能源于一次意外事件的刺激，也可能是长期一点一滴的改变。今天比昨天好，现在比过去好，这就是超越。

1968年，在墨西哥奥运会的百米赛场上，美国选手海恩斯撞线后，激动地看着运动场上的计时牌。当指示器打出9.9秒的字样时，他摊开双手，自言自语地说了一句话。

后来，有一位叫戴维的记者在回放当年的赛场实况时再次看到海恩斯撞线的镜头，这是人类历史上第一次在百米赛道上突破10秒大关。看到自己破纪录的那一瞬，海恩斯一定说了一句不同凡响的话，但这一新闻点，竟被现场的四百多名记者疏忽了。因此，戴维决定采访海恩斯，问问他当时到底说了一句什么话。戴维很快找到海恩斯，问起当年的情景，海恩斯竟然毫无印象，甚至否认当时说过什么话。戴维说："你确实说了，有录像带为证。"海恩斯看完戴维带去的录像带，笑了。他说："难道你没听见吗？我说：'上帝啊，那扇门原来是虚掩的。'"谜底揭开后，戴维对海恩斯进行了深入采访。

自从欧文斯创造了10.3秒的成绩后，曾有一位医学家断言，人类的肌肉纤维所承载的运动极限，不会超过每秒10米。

海恩斯说："30年来，这一说法在田径场上非常流行，我也以为这是真理。但是，我想，自己至少应该跑出10.1秒的成绩。每天，我以最快的速度跑5000米，我知道百米冠军不是在百米赛道上练出来的。所以我每天尽可能地跑得更快，尽可能地超越自己。当我在墨西哥奥运会上看到自己9.9秒的纪录后，惊呆了。原来，10秒这个门不是紧锁的，而是虚掩的，就像终点那根横着的绳子一样。"

后来，戴维撰写了一篇报道，填补了墨西哥奥运会留下的一个空白。不过，人们认为它的意义不限于此，海恩斯的那句话，为我们留下的启迪更为重要，因为只要推开那扇门，我们就超越了。

海恩斯之所以取得惊人的成绩，是因为他明白一个人只有战胜情绪问题，不断超越自我，才能全面发展自己。只要每一天都有超越自己的地方，或者是让自己的优点更加稳固，这样的成长都是值得期待的、充满希望的。但今天和昨天一个样，甚至不如昨天，这样的生活就会令人厌倦、感到无望之极。

成功的动力源于拥有一个不断超越的进取目标。人生就是一个不断超越的过程。

追求超越自我的人，每一分每一秒都活得很踏实，他们尽其所能享受、关心他人、做事并付出。除了工作和赚钱以外，他们的人生还有其他意义。若非如此，即使居高位，生活富裕，也会感到空虚、乏味，不知生活的乐趣究竟在哪里。

在成长的过程中，很多人因为遭受来自社会、家庭的议论、否定、批评和打击，奋发向上的热情会慢慢冷却，逐渐丧失了信心和勇气，对失败惶恐不安，变得懦弱、狭隘、自卑、孤僻、害怕承担责任、不思进取、不敢拼搏。事实上，他们不是输给了外界压力，而是输给了自己。很多时候，阻挡我们前进的不是别人，而是我们自己。

自信心训练

自信是走向健康的第一步，拥有自信的人更容易获得健康情绪，那么如何获得自信心呢？著名的成功学大师拿破仑·希尔曾提出通过自我暗示获得自信心的 5 个步骤：

（1）我要求自己为实现这项目标而持续不断地努力，我现在保证，一定立即采取行动。

（2）我明白，我意志中的主要思想最后将自行表现在外在的实际行动上，并逐步使它们变成事实。因此，我每天要花 30 分钟的时间，集中思想，思考我要变成怎样的人，通过这样的思考在意志中创造出一个明确的心理影像。

（3）我知道，经由自我暗示的原则，我在意识中一再坚持的核心欲望，最终将以某种实际的方式实现。因此，我每天要花 10 分钟的时间，暗示自己"我能达成心愿"。

（4）我已经清楚地写下一篇声明，描述我生活中主要的目标，我要不停地努力，直到我发现对实现这项目标充满自信为止。

（5）我充分了解，除非是建立在真理和正义之上，否则任何财富、地位都将无法天长地久，因此，我不会做出对所有人不利的行为。我将尽力争取其他人的合作，以获得成功。

因为我乐于替其他人服务，所以我将吸引其他人为我服务。我将消除憎恨、嫉妒、自私及怀疑，表现出对所有人的爱心，因为我知道对其他人抱着消极的态度，永远不会使我获得成功。我能使其他人相信我，因为我相信他们以及我自己，我将在这份声明上签上我的姓名，并下决心把它背诵下来，而且每天大声朗读一遍，并充分相信，它将逐渐影响我的思想与行动，使我成为一个自信而成功的人。

认真地反复读上面这些话，你就给了自己积极的情绪暗示。另外，心理学博士大卫·史华兹则从心理学的角度提出了建立自信心的 5 种方法：

1. 挑最前面的位置坐

大部分占据后排座位的人，都希望自己不会"太醒目"，他们怕受人注目的原因就是缺乏信心。坐在前排能建立信心。把它当成一个规则试试看，从现在开始就尽量往前坐。当然坐前面会比较显眼，但要记住，有关成功的一切最终都是"显眼的"。

2. 练习正视他人

一个人的眼神可以透露出许多信息。一个人不正视你的时候，你会直觉地问自己："他想要隐藏什么呢？他想对我不利吗？"不正视别人通常意味着："在你旁边我感到很自卑。我感到不如你。我怕你。"躲避别人的眼神也意味着："我有罪恶感。我做了或想了什么我不希望你知道的事，我接触你的眼神，你就会看穿我。"而正视别人等于告诉他："我很诚实，而且光明正大。我告诉你的话是真的，毫无心虚。"要让你的眼睛为你服务，也就是拥有专注别人的眼神。这不但能为你增加自信心，也能为你赢得别人的信任。

3. 把你走路的速度加快 25%

你若仔细观察就会发现，人类身体的动作是心灵活动的结果。

那些遭受打击、被排斥的人，连走路都拖拖拉拉，很散漫。那些成功人士则表现出超凡的自信心，走起路来比一般人快，像是在慢跑。他们的步伐告诉这个世界："我要去一个重要的地方，去做很重要的事情。更重要的是，我会在 15 分钟内成功。"使用这种"走快25%"的方法，可助你建立自信心。抬头挺胸走快一点儿，你就会感到自信心的增长。

4. 练习当众发言

在现实生活中有很多思路敏锐、天分较高的人，都无法发挥他们的长处参与讨论，并不是因为他们不想参与，而是他们缺少自信心。在会议中沉默寡言的人都认为："我的意见可能没有价值，如果说出来，别人可能会觉得很愚蠢，我最好什么也不说，不让他们知道我是怎样的无知。"这些人时常会对自己许下很微妙的诺言："等下次再发言。"可是他们很清楚这是无法实现的。当这些沉默寡言的人不主动发言时，就又中了一次自卑的毒，这也使他们越来越丧失自信心。但是就积极面来看，如果尽量发言，就会增加自信心，下次会勇敢地发言，所以，要多发言，这是自信心的"维生素"。不论是参加什么性质的会议，每次都要主动发言，也许是评论，也许是建议或提问题，都不要有例外。而且，不要最后才发言，要做破冰船，第一个打破沉默，也不要担心你会显得很愚蠢，不会的，因为总会有人同意你的见解。

5. 咧嘴大笑

大部分的人都知道笑能给自己带来动力，它是拯救自信心不足的人的良药。但是仍有一些人不相信这一套，因为他们在恐惧时，从不试着笑一下。做一下这个实验：在你遭受打击时，尝试着大笑，也许你会说做不到，但你可以找一些超级搞笑的电影或漫画来看。在看之前，你要先告诫自己将痛苦暂时放一下，一定要专注地看。当你随着搞笑情节的进展而哈哈大笑之后，你就会发现恐惧、忧虑和沮丧都不见了，而自信心在慢慢增加。

积极情绪的核心就是自信与主动意识，或者称作积极的自我意识，而自信意识的来源和成果就是经常在心理上进行积极的自我暗示。

一个人的自信决定了他的能力、热情以及自我激励的程度。一个拥有高度自信的人，一定会拥有强大的个人力量，他做任何一件事几乎都会成功。你对自己越自信，你就会越喜欢自己、接受自己、尊敬自己。

图书在版编目 (CIP) 数据

情绪控制方法 / 融智编著 . — 北京 : 中国华侨出版社 , 2018. 3 （2025 .6 重印）
ISBN 978-7-5113-7519-3

Ⅰ . ①情… Ⅱ . ①融… Ⅲ . ①情绪 – 自我控制 – 通俗读物 Ⅳ . ① B842.6-49

中国版本图书馆 CIP 数据核字（2018）第 031346 号

情绪控制方法

编　　著：	融　智
责任编辑：	王慧玲
封面设计：	冬　凡
美术编辑：	武有菊
经　　销：	新华书店
开　　本：	880mm×1230mm　1/32 开　印张：8.5　字数：182 千字
印　　刷：	三河市华成印务有限公司
版　　次：	2018 年 5 月第 1 版
印　　次：	2025 年 6 月第 17 次印刷
书　　号：	ISBN 978-7-5113-7519-3
定　　价：	36.00 元

中国华侨出版社　北京市朝阳区西坝河东里 77 号楼底商 5 号　邮编：100028
发 行 部：（010）88893001　　传　真：（010）62707370

如果发现印装质量问题，影响阅读，请与印刷厂联系调换。